视觉之旅：
神奇的化学元素
（彩色典藏版）

[美] Theodore Gray 著
[美] Theodore Gray Nick Mann 摄影
陈沛然 译

人民邮电出版社
北京

图书在版编目（CIP）数据

视觉之旅：神奇的化学元素：彩色典藏版 /（美）格雷（Gray, T.）著；（美）格雷（Gray, T.），（美）曼（Mann, N.）摄；陈沛然译. —北京：人民邮电出版社，2011. 1
ISBN 978-7-115-23828-3

Ⅰ.①视… Ⅱ.①格… ②曼… ③陈… Ⅲ.①化学元素—普及读物 Ⅳ.①O611-49

中国版本图书馆CIP数据核字（2010）第171678号

版权声明

视觉之旅：神奇的化学元素（彩色典藏版）

- ◆ 著　　　　[美] Theodore Gray
- 　摄　　影　[美] Theodore Gray　Nick Mann
- 　译　　　　陈沛然
- 　策划编辑　韦　毅
- 　责任编辑　刘　朋　张兆晋
- ◆ 人民邮电出版社出版发行　北京市丰台区成寿寺路 11 号
- 　邮编　100164　电子邮件　315@ptpress.com.cn
- 　网址：http://www.ptpress.com.cn
- 　北京富诚彩色印刷有限公司印刷
- ◆ 开本：889×1194　1/20　　彩插：1
- 　印张：12　　　　　　　2011年2月第1版
- 　字数：311千字　　　　2025年6月北京第84次印刷
- 　著作权合同登记号　图字：01-2010-5082号

ISBN 978-7-115-23828-3
定价：60.00元
读者服务热线：(010) 81055410　印装质量热线：(010) 81055316
反盗版热线：(010) 81055315

写给中国读者的话

　　有两件事是我当初编写本书的时候未曾预料到的：一是孩子们也和成年人一样喜欢这本书，二是在不到一年时间里它被翻译成14种语言(现在已有21种语言的版本了)。这二者共同证明了这样一个事实：化学元素在人的物质构成上和精神追求上都是相通的——每个人都是由元素构成的，每个人都希望了解构成其自身的东西。

　　在这本书中你会发现许多关于元素的故事：它们从何而来，它们有什么用途，以及是什么使得每种元素都那么有趣。我希望你们喜欢这些故事，并且与你们的孩子、学生、老师或父母分享这些故事的乐趣。

　　如果在你认识的人当中有人觉得科学或化学是令人讨厌的，是一些枯燥无味的东西，你可以试着把这本书送给他。仅那些照片也会使他相信有些东西确实值得看一下，他也许最终会写信给我，说他已经尝到了通过科学了解到的这个世界的滋味，并且如何热切地希望知道得更多。谁知道呢。

西奥多·格雷 (*Theodore Gray*)

译者的话

怀着浓厚的兴趣，我完成了这本书的翻译。以化学元素为题材的科普书已经出版了好几种，但这本书自有其与众不同的地方：作者把个人丰富的元素收藏品的精美绝伦的照片和生动优美的文字描述巧妙地结合在一起，收到了珠联璧合、相得益彰的效果，使读者在愉快的阅读中开阔了眼界，增长了知识，加深了对元素周期表的理解。

化学元素是构建我们的物质世界大厦的砖和瓦。要了解物质世界，必须先了解化学元素。喜欢自然科学的青少年学子可以从这本书中获得许多关于元素的知识营养，即便是化学教师，也可以从中撷取材料来丰富自己的教学，使我们的化学课变得更加生动有趣。本书的文字部分涉及不少外国的人物和典故，译者尽可能加了一些注解，希望对于理解本书的内容有帮助。

化学和相关的科学技术使我们的世界变得绚烂多彩。我们的生活，甚至我们自己，没有一时一刻离得开化学。这本书是一位向导，带领我们周游化学元素的世界，领略其中美妙的风光。我们希望这本书会让更多的青少年喜欢上化学，并且最终加入化学家的队伍。

译者要感谢陈耀全老师。他仔细阅读了全部译稿并提出宝贵的修改意见。译者衷心欢迎读者对本书的译文提出批评和建议。

译者
于东华大学

没有什么东西会归于无有；但在崩溃时一切都化为原初质料。

——引自卢克莱修[1]《物性论》，公元前50年

元素周期表是我们能够触摸到的任何东西的总目录。有一些东西不在元素周期表里，例如光、爱情、逻辑和时间，但是这些东西我们是无法触摸的。

地球、这本书、你的脚——任何可以触摸的东西——都由元素构成。你的脚的大部分是由氧构成的，同时还有许多碳和它结合在一起，从而为有机分子赋予了结构，这些有机分子确定了你是以碳为主要成分的生命的一个例子。（如果你不是一个以碳为主要成分的生命形态，那么我们欢迎你到这个行星上来。如果你也有脚，请不要把脚踩到这本书上。）

氧是无色透明的气体，但它占据你的体重的2/3。它怎么做到这一点？

化学元素有两张脸：它的纯态以及当和其他元素结合的时候形成的化合物。纯态的氧的确是气体，但是当它和硅反应以后，它们结合在一起形成了坚硬的硅酸盐矿，构成了地壳的大部分。当氧与氢和碳结合的时候，结果可以是从水到一氧化碳到糖的任何东西。

无论这些物质看起来多么不像纯态的氧，但在这些化合物中氧原子仍然存在，而且这些氧随时可以被提取出来，回到纯的气态。

但是只要原子核没有瓦解，每个氧原子本身就永远不可能破裂或者拆开变成更简单的东西。这个不可分割的性质就是使得元素之所以成为元素的原因。

在这本书中，我试图向你展示每一种元素的这两张脸。首先，你将会看到纯元素的一幅很大的照片（但是这需要在物理上办得到）。在另一页上你将会看到这个世界上元素的各种样子的许多例子——各种化合物以及成为这种元素的特征的各种用途。

在我们开始接触各种元素之前，很有必要先从整体上看一下元素周期表，看看这些元素是怎样被组织在一起的。

[1] Lucretius（约公元前99年—约公元前55年），古罗马哲学家和诗人，《物性论》是他传世的唯一一本书。

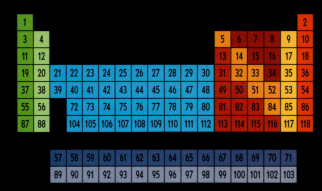

　　经典形式的元素周期表已广为人知，就像耐克鞋的徽标、泰姬陵或者爱因斯坦的头发那样一眼就可以认出来。元素周期表是我们文明的图标影像之一。

　　元素周期表的基本结构不是由艺术、幻想或巧遇来决定的，而是由量子力学的基本的和普遍的法则决定的。呼吸甲烷的有脚生物可能会用正方形的徽标为它们的鞋子作广告，但它们的元素周期表会有像我们的元素周期表一样能够辨认的逻辑结构。

　　每一种元素都是用它的原子序数（从1到118的整数）来定义的。（118是目前的数字，无疑随着时间的推移还会发现更多。）一种元素的原子序数是该元素的每一个原子的原子核中质子的数目。质子数又决定了有多少个电子围绕着这个原子核作运动。正是这些电子，特别是在最外"层"的电子，决定了元素的化学性质。（关于电子轨道，我们将会在第12页更详细地解释。）

　　元素周期表按照原子序数排列元素。顺序缺口的跨越方式好像是十分随意的，其实不然。这些缺口的存在使得每一纵列中的元素具有相同的外层电子数。

　　这就解释了关于元素周期表的最重要的事实：同一纵列中的元素倾向于具有相似的化学性质。

　　让我们按照纵列所确定的排列，先看元素周期表的主族。

第1号元素是氢，它有一点儿反常。氢通常被放在最左边的一列，它也确实和同在这一列的其他元素共有一些化学性质（原则上，在化合物中，氢通常失去一个电子形成H^+离子，就像第11号元素钠失去一个电子形成Na^+离子）。但氢是气体，而在第一列的其他元素是软金属。因此，有些周期表把氢单列出来自成一类。

第一纵列中的其他元素——氢不算在内——统称为碱金属，把它们扔到湖里都很有趣。碱金属与水反应时放出氢气，氢气是高易燃性的。如果你把一块足够大的钠扔进湖里，在几秒钟后就会发生大爆炸。这到底是一场令人兴奋而又美丽的经历，还是就此结束了你的性命，要看你是否防护得当。如果熔融的钠溅入眼睛，你就永远成了瞎子。

化学就是这样：强大得能在世界上做出伟大的事情，但也危险得能够做出恐怖的事情，二者一样容易。如果不尊重化学，它就会咬人。

第二列中的元素统称为碱土金属。像碱金属一样，它们是相对软的金属，与水反应时放出氢气。但不像碱金属那样爆炸性地反应，碱土金属是驯服的，它们慢慢地反应，使氢气不会自发燃烧。例如，这使得可以把钙（20）用在便携式氢气发生器中。

	21	22	23	24	25	26	27	28	29	30						
39	40	41	42	43	44	45	46	47	48							
	72	73	74	75	76	77	78	79	80							
	104	105	106	107	108	109	110	111	112							

周期表的广大中央区被称为过渡金属。那里有工业中的骨干金属——单单第一行就是名副其实的常用金属的 Who is Who①。除了汞（80），所有的过渡金属都是非常硬的优质结构金属。（事实上，汞也是这样的。如果温度足够低，汞就会冻结成非常像第50号元素锡一样的金属。）即使是锝（43）——本区中孤独的放射性元素——也像它的邻居们那样坚固。锝不是那种你要用来打造一把餐叉的金属，不是它不能胜任，而是它非常昂贵，并且会用它的放射性慢慢把你杀死。

总体上说，过渡金属在空气中是相对稳定的，但有一些会缓慢氧化。最显著的例子当然就是铁（26）。到目前为止，铁的生锈仍然是我们最有毁灭性的、最不想要的化学反应。其他的，诸如金（79）和铂（78）因为极其耐腐蚀而受到称赞。

在左下角的两个空格是为镧系元素和锕系元素保留的，对于镧系元素和锕系元素，我们将在第11页着重说明。按照周期表的逻辑性，在第二和第三纵列之间会出现一个可放入14种元素的缺口，镧系元素和锕系元素就插在这个缺口中。但是这样做就会使周期表变得不切实际地宽，惯常的办法就是把这个缺口关闭起来，把这些稀土元素显示在底部的两行中。

①这是美国出版的一部介绍名人的工具书。

　　左下部的三角称为普通金属，虽然实际上被大多数人认为是普通金属，但这些金属事实上还是前面一族的过渡金属。（现在你可能已经注意到，大多数元素是这种或那种金属。）

　　右上部分的三角称为非金属。（接下去的两族，卤素和惰性气体也是非金属。）非金属是电的绝缘体，而所有的金属在不同程度上都有导电性。

　　在金属和非金属之间有一个称为准金属的骑墙派的对角线。从它们的名称也可以想得到，这些元素多少有些像金属，又多少有些不像金属。特别是它们能导电，但是导电性不好。准金属包括半导体，它们对现代人的生活非常重要。

　　这条线是对角线的事实破坏了在同一个纵列中的元素具有共同特征的一般规律。好吧，那只是个一般规律。化学实在是太复杂了，任何规律都不能绝对地固定不变。在从金属到非金属的边界上，有几个因素在互相竞争，以决定一种元素应该属于哪个阵营。在你往下看周期表的时候，天平移向了右边。

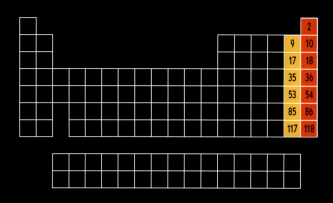

　　第17纵列（倒数第二列）称为卤素，纯态的卤素都是非常险恶的家伙。这一列的所有元素都是高度活泼、气味极为难闻的物质。纯氟（9）由于能攻击几乎所有东西而具有传奇性，氯（17）则在第一次世界大战中用作毒气。但是以化合物的形态，例如加氟牙膏和食盐（氯化钠），卤素被驯服成日用品。

　　最后一列是贵族气体。"贵族"在这里的意思是"不参与普通贱民的营生"。贵族气体几乎彼此之间或者与其他元素之间都不形成化合物。由于它们的惰性，贵族气体常常用来屏蔽活泼的元素，因为在一层贵族气体的保护毯下面，活泼元素没有东西可以与之反应。如果你在化学供应商那里购买钠，你得到的就会是放在一个充满了氩（18）的密封容器中的钠。

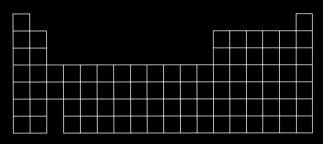

57	58	59	60	61	62	63	64	65	66	67	68	69	70	71
89	90	91	92	93	94	95	96	97	98	99	100	101	102	103

这两族元素统称为稀土元素，尽管它们之中有一些根本并不稀少。上面的一行，从镧（57）开始，称为镧系元素；这样，当有人告诉你从锕开始的底下一行就称为锕系金属时，你就不会感到奇怪。

再看下去，当你看到镥（71）的时候，镧系元素就会因为彼此在化学上非常相似而臭名昭著。其中的几个是如此相似，以至于为了它们是否真是不同的元素而争论了好多年。

所有的锕系元素都是放射性的，其中以铀（92）和钚（94）最为出名。把锕系元素添加到周期表的标准格局这件事要怪格伦·西博格[1]，这主要是因为他要对在这个区域发现了那么多新的元素负责，以至于需要列出新的一行。（虽然许多人也发现了新元素，但西博格是被迫创立了一个新的行，以便容纳他的全部发现的唯一一个人。）

既然我们已经分别观察了元素周期表的局部和全貌，现在我们准备好开始在狂野的、美丽的、崎岖的、有趣的和骇人的元素世界中的旅程。

全在这里了。从这里到廷巴克图[2]，包括廷巴克图，每件事物、每个地方都是由一种或者几种化学元素构成的。我们把元素的组合和再组合的无穷变化称为化学。这些变化开始自而又终结于这个简短而又值得纪念的表格，它是物质世界的基石。

你在本书中看到的几乎每一件东西都在我的办公室的某一个角落放着，被联邦调查局没收的那一件以及几个有历史意义的物件除外。在收集这些元素的充满生气的多种多样的样品时，我非常快活，希望你在阅读它们的时候也感觉莫大的兴趣。

那么，让我们在第一号元素氢那边再见！

[1]Glenn Seaborg (1912—1999)，美国核化学家。1997年国际纯化学和应用化学委员会决定以他的名字命名第106号元素，打破了不用尚健在的人的名字命名元素的惯例。

[2]Timbuktu，非洲马里中部城市名，意为遥远的地方。

元素周期表是如何形成的

紧接着，我打算用一页篇幅解释量子力学。（如果觉得这一节太过专业，你可以跳过它。本书结束时不用考试。）

每一种元素都是通过它的原子序数来定义的，原子序数就是该元素的每一个原子的原子核中带正电荷的质子的数目。这些质子和数目相等的带负电荷的电子相匹配，而那些电子则位于围绕着原子核的"轨道"中。"轨道"之所以被加上引号，是因为这些电子实际上并不像行星那样在围绕着恒星的轨道上运行。事实上，我们根本不能谈论电子是如何移动的。相反，电子是以"电子云"的方式存在的，也就是说我们只能知道它出现在某处的可能性比其他的地方大，但无法预测它在某个时刻处于某个确定的位置。以下的图显示了围绕着核的电子概率云的各种三维形状。

第一种类型的轨道称为s轨道，它是完全对称的，也就是说电子在各个方向上出现的概率相同。第二种类型称为p轨道，它有两个叶瓣，这意味着电子出现在原子核的这一侧或另一侧的概率要比出现在两个叶瓣之间的可能性更大。

s轨道只有一个，但p轨道却有三个，其叶瓣分别指向三个互相垂直的方向（x, y, z）。类似地，d轨道有五个，f轨道有七个，并且叶瓣的数目逐渐增加。（你可以把这些形状想像成三维驻波。）

每一种类型的轨道可以有不同的大小，例如，1s轨道是个小球，2s轨道是个比较大的球，3s轨道则是个更大的球，等等。随着轨道数量的增加，处于轨道中的电子的能量会增大。在其他条件都相同的情况下，电子总是处于最小的、能量最低的轨道中。

那是不是说原子中的所有电子都挤在能量最低的1s轨道中呢？不是的。按照量子力学早期历史中一个最基本的发现：任何类似电子那样的两个粒子（称为费米子）不可能同时处于完全相同的量子态中。因为电子具有一种称为"自旋"的内部状态，它可以是向上或是向下的。这就是说，在一个给定的轨道中只能容纳两个

电子——一个自旋向上，一个向下。

氢只有一个电子，因此这个电子就处于1s轨道中。氦有两个电子，刚好填满1s轨道，满足1s轨道可以容纳两个电子的要求。锂有三个电子，由于1s轨道已经没有多余的空间，第三个电子就只好呆在能量较高的2s轨道中。依此类推，每个电子都会按照能量递增的次序填满轨道。

在本书介绍具体元素的那一页的右侧都会有一个电子填充顺序图，你就会看到这种元素原子核中的电子是如何填充从1s到7p轨道的，其中的红条表示其代表的轨道已经被电子填充（7p是已知元素中被电子占据的能量最高的轨道）。轨道填充的准确顺序是出人意料地微妙和复杂，在你浏览本书的时候可以偶尔看一下。特别要注意钆（64）前后的元素，如果你以为你已经估计出了它们的轨道填充顺序，那你的自信心就可能被那里所发生的事情动摇。

正是这个填充顺序决定了元素周期表的形状。周期表最左侧的两个纵列代表最外层电子填充了s轨道，接下来的十个纵列代表最外层电子填充了五个d轨道，最后的六个纵列代表最外层电子填充了三个p轨道。最后，但并非最不重要的是，14种稀土元素的最外层电子会填充七个f轨道。（如果你问自己，为什么第2号元素氦不是放在第4号元素铍的上面，那么我祝贺你，你已经像一位化学家而不是像一位物理学家那样思考问题了。本书参考文献中Eric Scerii的书对于回答这类问题是一本很好的入门书。）

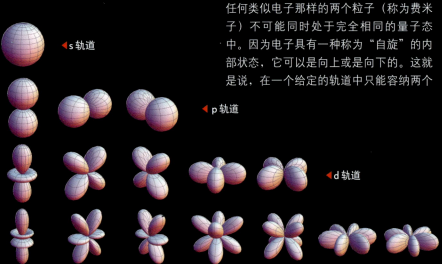

◀ s轨道

◀ p轨道

◀ d轨道

◀ f轨道

基本数据

下面这些关于元素基本数据的术语是你应该知道，也必须了解的。

位置导航

在介绍具体元素的那一页会有一张小小的周期表，表中有个显眼的黄色方块，它显示了该元素在周期表中的位置。至于为何用不同的颜色将表中的元素分成不同的组，可参考前面几页内容。

元素周期表

原子量
178.49
密度
13.310
原子半径
208pm
晶体结构

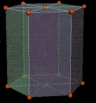

原子量

一种元素的原子量（准确说叫相对原子质量，不要和原子序数混淆）是该元素典型样品中每个原子的平均质量，用"原子质量单位"或amu表示。amu定义为碳-12原子质量的1/12。粗略地说，一个amu是一个质子或一个中子的质量，因此，元素的原子量大致等于该原子核中质子和中子的总数。

然而，你将会看到，有些元素的原子量处在两个完整的整数之间。当一种元素的典型样品含有两个或多个天然存在的同位素的时候，这些同位素的平均重量就使得amu表现为小数。（同位素将在第91号元素镤那一部分更详细地解释，它的基本概念是，一种元素的同位素都拥有相同数目的质子，因此具有相同的化学性质，只是原子核中的中子数目不同。）

密度

元素密度是指该元素绝对纯净、无瑕疵的单晶的理想密度。这在实际操作上是无法实现的。因此，它一般是结合原子量和通过X射线晶体学测量得到的原子在晶体中的空间间隔数据计算出来的，其单位是克/厘米^3。

原子半径

物质的密度取决于两个因素：每一个原子有多重以及每一个原子占据多大空间。每种元素的原子半径通常是指以实验方法测定的相邻两种原子核间距离的一半，单位是皮米(pm，1米的一万亿分之一)。原子半径旁边的图是示意性的，显示了在各自层壳中的所有电子，总尺寸和原子的尺寸相匹配，但各个电子的位置不成比例，更不是说这些电子是围绕着原子自旋的小圆点。在外面用虚线画的圆圈表示已知的最大的原子（第55号元素铯）的半径。

晶体结构

晶体结构图显示了元素处于最常见的晶体形态时的原子空间排列方式（称为晶胞，它在空间上不断重复形成了整个晶体）。对常态为气态或液态的元素，该图是指它们在被冷却到固态时呈现的晶体形态。

电子填充顺序

该图显示了电子在填充可用的电子轨道时的顺序。关于电子轨道的概念已经在前面一页做了详细解释。

原子发射光谱

当把一种元素的原子加热到极高的温度时，它们会发射出具有特定波长（或颜色）的光。这些特定波长的光对应于该元素原子各个电子轨道之间的能级差。该图显示了这些特定光线的颜色，并按照波长从大（顶部肉眼可见的红光）到小（底部接近紫外光）的顺序排列成光谱。

物质状态

这里用摄氏温标显示了不同元素在不同温度下所处的状态是固体、液体还是气体。固体和液体之间的分界线就是熔点，而液体和气体之间的分界线则是沸点。如扭动本书的书页，把书页的边缘扩展出来，你将会看到随着原子序数增加，元素的熔点和沸点随之发生变化的曲线图，这个曲线的变化趋势会随着原子序数的变化发生有规律的改变。特别是当元素跨越不同的周期时，曲线将发生显著的变化。

H

1

①早年，飞艇是用氢气充气的。当时德国最大的飞艇以兴登堡总统的名字命名,载客往返于大西洋两岸。1937年5月6日，兴登堡号飞艇正在美国新泽西州莱克赫斯特海军航空总站上空准备着陆，但一场灾难性事故使它在32秒内被大火焚毁，97名乘客中有61人死里逃生，36人罹难。关于失火的原因有多种说法。有一种说法是，当时雷雨交加，兴登堡号飞艇穿过雨云时，机体充满了负电荷。当机组人员将湿透的绳子抛下地面准备停泊时，这些绳子就起到了接地线的作用。飞艇的金属架因接地而充电，机壳便开始升温，高度易燃的涂料开始自燃。本书作者认为遇难的乘客不是被氢气烧死的。可能是基于这样的说法，自那次事故以后，飞艇便改用氦气充气。

氢

原子量
1.00794
密度
0.0000899
原子半径
53pm
晶体结构

遥望夜空，群星闪烁。那是它们在把巨量的氢嬗变为氦。单单我们的太阳每秒就消耗掉6亿吨氢，把它转化成5.96亿吨氦。想想看，每秒6亿吨，即使在夜晚也一样。

那么，另外的每秒钟400万吨到哪里去了呢?它们按照爱因斯坦的著名公式$E=mc^2$转变成了能量。其中大约每秒3.5磅（1磅=0.4536千克）所创造的福祉降临到了我们的地球，赐予我们黎明的光辉、白天的温暖和黄昏的余晖。

太阳对氢的惊人消耗养育了我们大家。氢对于我们生活的重要性越来越家喻户晓。氢和氧的结合形成了云彩、海洋、湖泊和河流。氢和碳(6)、氮(7)、氧(8)结合在一起构成了所有生物的血液和肉体。

氢是所有气体中最轻的——甚至比氦还要轻，也非常便宜。这就是早年的飞艇错误地使用氢的原因。你们大概听说过兴登堡号飞艇灾难的故事[1]。公正地说，那些乘客是摔死的，而不是被氢气烧死的。在某种程度上说，氢用作汽车的燃料比汽油更安全。

氢是最丰富的元素，最轻，也最为物理学家所钟爱。氢只有一个质子和一个电子，用量子力学公式可以精确地对它进行计算。但是，一旦遇见了拥有两个质子和两个电子的氦，物理学家几乎就要甩手，让化学家去对付了。

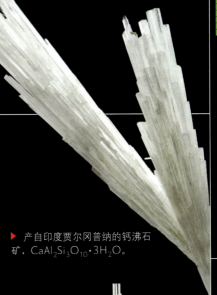

► 产自印度贾尔冈普纳的钙沸石矿，$CaAl_2Si_3O_{10} \cdot 3H_2O$。

► 氚(^{3}H)发光钥匙圈在美国是违法的，它被认为是对这种战略性资源的滥用。

► 高速闸流管的内部结构，闸流管是一种电子开关，用少量氢气充填。

► 氢氧焰的橘红色辉光。

▲ 但是，氚表在美国是合法的。

► 太阳将氢转变为氦作为动力。

e2v technologies
CX1622S
EEV THYRATRON
CAUTION - SEE
HEALTH & SAFETY
HAZARDS SHEET
Made in UK
0402

◄ 氢占可见宇宙重量的75%。氢通常是无色的气体，但在太空中，大量的氢吸收太阳光，形成了壮观的景象，如哈勃太空望远镜所看到的位于巨蛇座的鹰状星云。

2

①氦的英文名字是helium，太阳神的名字是Helios。

氦

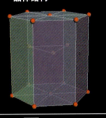

原子量
4.002602
密度
0.0001785
原子半径
31pm
晶体结构

氦是按照古希腊的太阳神赫利俄斯的名字命名的①，这是因为关于它的存在的第一个线索是太阳光光谱中的暗线，这些暗线用当时已知存在的元素都无法解释。

一个似是而非的观点认为，这种普通到用来给聚会用的气球充气的气体是在太空中发现的第一种元素。氦是一种贵族气体，称它们为贵族气体是由于它们不会与元素中的一般乌合之众互相反应，对几乎所有的化学键的形成都保持惰性和冷漠。因为它难以发生相互作用，用传统的湿法化学并不容易探测到氦。

作为飞艇中氢气的取代物，完全不可燃烧的氦具有极多的可荐之处，其缺点是氦要比氢昂贵得多，并且能提供的升力也较小。但现在还有谁愿意乘坐最低廉的氢气飞艇去旅行呢?

当今我们所用的氦是在把天然气从地下开采出来的时候从中提取的。但与其他所有的稳定元素不同的是，它不是在地球形成时就沉积在那里的，而是随着时间的流逝通过铀（92）和钍（90）的放射性衰变产生的。这些元素通过释放出阿尔法粒子发生衰变，而所谓"阿尔法粒子"只不过是氦原子原子核的物理学名称。所以，当你给一只聚会用气球充气时，你用来充气的原子在数亿年前只不过是巨大的放射性原子的原子核中的任意的质子和中子。坦白地说，那是很不可思议的，但还不至于像锂干预人的精神的方式那般怪异。

▲ 充氦的聚会用乳胶气球并不能持续很长时间，因为这种微小的原子很快就会逃逸。金属化的聚酯薄膜气球能持续数日而非数小时。

◄ 纯氦是不可见的气体，就像在这个古老的样品安瓿中的那样。

◄ 氦通常是一种无色的惰性气体，但当有电流从中通过时它会闪耀出带有奶油状苍白的桃红色。

▲ 在这个氦氖激光器敞开的一侧可以看见氦闪耀着特有的桃红色光。从前面射出的激光是氖特有的红色。

► 一次性氦储罐能在聚会用品供应商店买到，但其中通常会加入氧气以防儿童一旦吸入而发生窒息。

电子填充顺序 1s2s 2p 3s 3p 3d 4s 4p 4d 4f 5s 5p 5d 6s 6d 7s 7p

原子发射光谱

物质状态

0 500 1000 1500 2000 2500 3000 3500 4000 4500 5000 5500

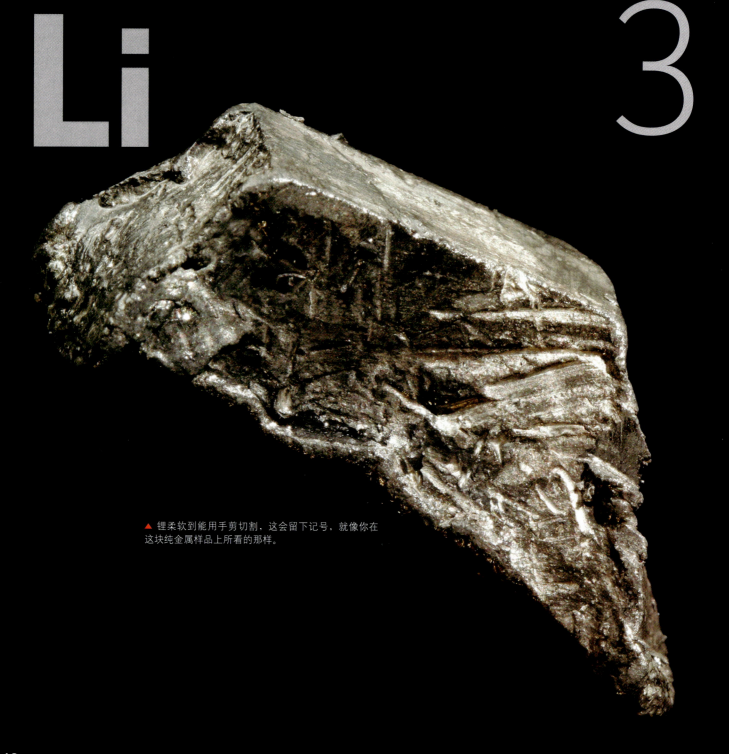

Li

Lithium

3

▲ 锂柔软到能用手剪切割，这会留下记号，就像你在这块纯金属样品上所看的那样。

锂

锂是一种非常软、非常轻的金属，轻得能够能浮在水面上，具有如此技艺的仅有的另外两种金属是钠（11）和钾（19）。当它浮在水上时，锂会与水反应并以稳定、适中的速度释放出氢气（这一部分真正令人兴奋的事是从钠开始的）。

尽管有这样的反应特性，锂还是广泛用于消费品中。锂离子电池中的金属锂向无数电子装置提供能量，从起搏器到汽车，包括我正在用来输入这段文字的笔记本电脑。锂离子电池能在不算很大的重量中包含巨大的能量，部分是由于锂的低密度。硬脂酸锂也作为广受欢迎的锂基润滑脂被用于汽车、卡车和机械中。

关心这些事情的人会注意到一个有趣的事实：世界上只有一个地方拥有真正大量的可方便地开采的锂。如果锂离子电池电动汽车被广泛使用，那我们也许就要密切注意玻利维亚了。

锂离子还有另一个非常奇妙的作用：它能使某些人的情感之舟保持沉静而安详。由于某些只能模糊地了解的原因，碳酸锂（它在体内能离解为锂离子）产生的镇定作用能够抚平躁郁症那时高时低的情绪波动。一个简单的元素能够对意识具有如此微妙的作用，证实了那些就像人类的情感那样复杂的现象如何最终为基本的化学过程所控制。

锂是柔软的、具有反应活性的，并且能帮助事物保持平衡。那么，铍呢？好吧，我们只能这么说，是不同的。

▶ 碳酸锂药片可控制情绪波动。

▼ 锂电气石矿石Na(LiAl)$_3$Al$_6$(BO$_3$)$_3$Si$_6$O$_{18}$(OH)$_4$，来自巴西的米纳斯吉拉斯。

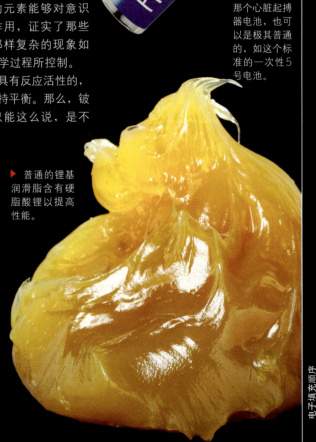

▶ 普通的锂基润滑脂含有硬脂酸锂以提高性能。

原子量
6.941
密度
0.535
原子半径
167pm
晶体结构

▲ 锂电池可以是外表奇异的，如上面的那个心脏起搏器电池，也可以是极其普通的，如这个标准的一次性5号电池。

电子填充顺序

原子发射光谱

物质状态

Beryllium

Be

4

▶ 这块精炼的纯净的碎铍晶体
通常会被熔化并制成导弹或宇宙
飞船中强度高、重量轻的部件。

①James Bond，是一套小说和系列电影中主角的名字。小说原作者是英国作家伊恩·弗莱明（Ian Fleming）。在故事里，James Bond是
英国情报机构军情六处的特工，代号为007。

铍

▶ 来自作者父亲的大量收藏品中的一块巨大的海蓝宝石（$Be_3Al_2Si_6O_{18}$）。

铍是一种轻金属（虽然它的密度是锂的3.5倍，但还是比13号元素铝的密度低得多）。锂是柔软的、低熔点的并具有反应活性，而铍则是高强度的、高熔点的并具有显著的抗腐蚀性。

这些特性与它的高价格以及有毒的性质相结合，解释了铍为它自己所开拓的独特的地位：导弹和火箭的部件。在这里，价格不再是个问题；在这里，轻而且高强度成为王牌；在这里，操作有毒的材料成为最不需要担心的事情。

铍还有其他奇特的用途：它对X射线是透明的，因此可用作X射线管的窗口。X射线管需要足够的强度以保持完美的真空度，同时又要求足够薄，从而使微弱的X射线能够透过。若干百分比的铍与铜（29）形成高强度、不产生火花的合金，可以用来制造在油井和有可燃气体的工作场所使用的工具。在这种工作场所，铁制工具所产生的火花可能导致巨大的灾难，这"灾难"二字是用火焰写就的。

为了与高尔夫运动那种极度渴望通过使用高科技材料以帮助球能够到达其应到之处的趋势保持一致，铍铜合金也用于制作高尔夫球杆的头。不用说，其效果并不比用于相同目的的镁铜合金或钛（22）更好。

作为美丽与坚硬的结合，绿宝石是铍铝环硅酸盐的结晶形态。你可能对各种绿的或蓝的宝石更为熟悉，它们分别被称为祖母绿和海蓝宝石。

铍是一种殷勤的、像詹姆斯·邦德①那样的金属，在这一刻能发射火箭，而在下一刻能取悦女士。说话间就到了硼。

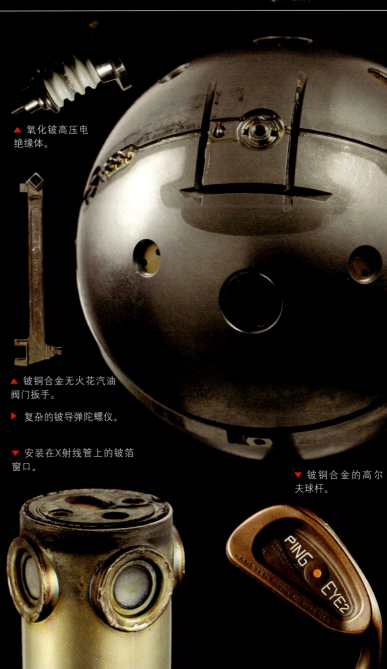

▲ 氧化铍高压电绝缘体。

▲ 铍铜合金无火花汽油阀门扳手。

▶ 复杂的铍导弹陀螺仪。

▼ 安装在X射线管上的铍箔窗口。

▼ 铍铜合金的高尔夫球杆。

元素周期表

原子量
9.012182
密度
1.848
原子半径
112pm
晶体结构

电子填充顺序
1s 2s 2p 3s 3p 3d 4s 4p 4d 4f 5s 5p 5d 5f 6s 6p 6d 7s 7p

原子发射光谱

物质状态

21

◀ 像这些多晶团块的纯态硼很少见。虽然纯态硼极其坚硬，但却实在太脆，以至于没有任何实际用途。

硼

原子量
10.8111
密度
2.460
原子半径
87pm
晶体结构

▶ 硼酸被用于从洗眼液到灭蚁药的各类用途。

▲ 立方型的氮化硼被用作机床镶嵌件以切割硬化钢。

▶ 碳化硼内燃机修复液。

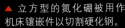

▶ Silly Putty® 牌弹性橡皮泥。

　　卑微的硼——就像它的名字所显示的那样，它如何能赢得些微的尊重？最常发现硼的地方是作为洗衣辅助物的硼砂，但这一点对它获得尊重没有任何帮助。其实硼比我们想像的要更有魅力。

　　将硼（5）和氮（7）相化合，所得到的晶体与它们二者的平均数——碳（6）形成的金刚石很相似。氮化硼形成的立方型晶体具有与金刚石非常接近的硬度，但制造成本要低得多，并且耐热性更高，这使它成为工业钢加工的常用研磨剂。

　　近来的理论计算表明，在特定条件下，根据对"硬"的特定的技术定义，氮化硼的交替型纤锌矿型晶体形态——虽然至今还没有得到单晶——可能实际上比金刚石更硬。金刚石被从它长期把持的最硬的已知材料的宝座上拉下马，倒像是一场政变。但眼下"纤锌矿"氮化硼的唯一成就还只限于，当有人声称金刚石是最坚硬的已知物质时，必须紧接着加上一条烦人的脚注。

　　碳化硼也是最坚硬的已知物质之一，甚至具有真正的秘密特工的用途：将它的颗粒倾倒入内燃机的加油孔，会在汽缸壁上造成不可修复的疤痕，从而毁坏内燃机。而略微不那么让中央情报局感兴趣的另一个事实是，硼在聚合物的交联中起着决定性的作用，从而赋予了弹性橡皮泥如下的令人惊奇的能力：它在你手中是柔软的并具有可塑性，而当你把它扔向墙壁时它就变得坚硬并具有弹性。

　　但是，虽然硼并非如你从它的名字所期待的那样守旧，但它的确和碳不是属于同一类型的。

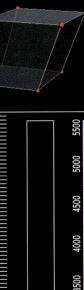

电子填充顺序　原子发射光谱　物质状态

23

C

6

钻石恒久远，除非你把它加热得太厉害，在那种情况下它将燃烧殆尽，变成二氧化碳气体。

①Buckminster Fuller (1895—1983)，美国工程师、建筑师、设计师和发明家。

碳

▶ "巴基球" C_{60} 的计算机模型。

原子量
12.0107
密度
2.260
原子半径
67pm
晶体结构

　　碳是生命的最重要的元素。当然，还有许多其他元素，如果缺了它们，生命也无法存在。但从DNA的螺旋骨架到甾体的复杂缠结的环以及蛋白质的飘带状结构，碳就是这样一个具有能将这一切都连接在一起的独一无二特性的元素。术语"有机化合物"专指含碳的化合物。

　　碳并不满足于成为地球上一切生命的基础，它还形成了金刚石这一最坚硬的已知物质（至少到目前为止是这样，而挑战已在第5号元素硼那一部分加以讨论）。但与公众的信念相反，金刚石并非特别稀有，也非出奇美丽，更不是永恒久远，以上三者都是DeBeers钻石公司虚构的神话。如果不是DeBeers公司的垄断控制，金刚石的价格将只是现行价格的1/10。立方型的氧化锆或结晶的碳化硅（俗名金刚砂）和金刚石一样美丽。而在足够高的温度下，金刚石会被燃烧殆尽，除了二氧化碳以外什么也不会剩下。

　　如果是在25年前书写这些文字，我很可能就是在用碳来书写了。铅笔里的"铅"实际上是石墨——碳的另一种形态，并且自16世纪在英国大湖区的博罗代尔大矿区中发现了第一个纯石墨矿后就一直如此。

　　碳原子喜欢形成片状的形态，就像一个每一个角都被一个碳原子占据的蜂巢；将这些平面堆叠起来就得到了石墨。而将这些平面拼拢成一个球，你就得到了一个"巴基球"，这是用发明网格状球顶的巴克明斯特·富勒[1]的名字命名的。将这些平面卷成管状，就有了科学所知的最坚硬的材料——碳纳米管。

　　现在碳成了政治论战的焦点，集中在如下事实：我们的文明向大气中排放二氧化碳的速度是恐龙那个时代的10万倍。有趣的是，氮的情况则刚好相反。

▲ 包埋在这个钢制圆盘中的微小的工业用金刚石使它成为一个强有力的碾磨轮。

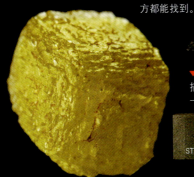

▼ "刚果方块"，一种天然的廉价多晶型金刚石晶簇。

▶ 煤炭（粗略地说是 C_nH_{2n}）雕刻在每一个有煤炭的地方都能找到。

▼ 在第100号元素镄那一部分中描述的来自第一个原子反应堆的一块石墨（纯碳）。

GRAPHITE FROM CP.-1
FIRST NUCLEAR REACTOR
DECEMBER 2, 1942
STAGG FIELD - THE UNIVERSITY OF CHICAGO

▶ 包铜的石墨焊接电极在任何焊接商店都能买到。

▲ 煤炭可用于取暖和锻造。

电子填充顺序
原子发射光谱
物质状态

7s 7p
6d
6s 6p
5f
5d
5s 5p
4f
4d
4p
3d
4s
3p
3s
2p
2s
1s

5500
5000
4500
4000
3500
3000
2500
2000
1500
1000
500

①Fritz Haber (1868—1934), 德国化学家。

氮

现代文明在将二氧化碳排放到大气中的同时，也从大气中提取出氮并把它吃下去。

空气中的氮气（N_2）是惰性的，并且几乎没什么用处。但当它被转化为更具反应活性的形式如氨（NH_3）时，它就成了一种至关重要的肥料。只有几种植物，例如豆类，能够通过居住在其根中的微生物的帮助，从空气中直接抽取它们所需要的氮。由于这个原因，在廉价的氮肥出现之前，不能"固定"氮的玉米要与豆或苜蓿轮种，豆类或苜蓿会在土壤中留下比开始时更多的氮。

就在第一次世界大战前，弗里茨·哈伯[1]发明了将空气中的氮转化为氨的实用的生产流程，这是人类历史上最重要的发明之一。现在，氨肥为1/3的世界人口提供了食物（另外2/3的食物主要由磷肥提供）。然而，他在氯（17）方面的工作就不是那么仁慈了，这在介绍元素氯的章节中我们将会看到。

由于植物在生长过程中从空气中吸收二氧化碳，施用氮肥对于缓解地球的温室效应至少有一点儿帮助。

液氮是廉价易得的低温冷却液。液氮的沸点低至－196℃，它足够冷冻几乎所有的东西。它被用于保存生物样本，将花儿冷冻、碎裂来取悦儿童，并且偶尔用来制作冰淇淋。

我们的四周有许多氮，大气中超过78%的成分是氮。另外22%是什么？大部分是我们赖以呼吸的氧。

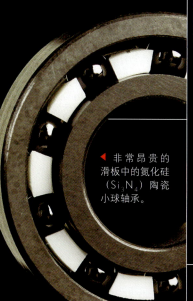

◀ 非常昂贵的滑板中的氮化硅（Si_3N_4）陶瓷小球轴承。

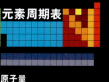

原子量
14.0067
密度
0.001251
原子半径
56pm
晶体结构

▲ 氮化硅（Si_3N_4）是如此坚硬，因而用于制造切割工具，就像这个铣磨钻头嵌入件。

◀ 用于保存酒的小装置上的氮气小钢瓶。所宣称的100%的纯度是可疑的，因为没东西能够做到100%纯度。

▶ 钠硝石矿石（$NaNO_3$）。

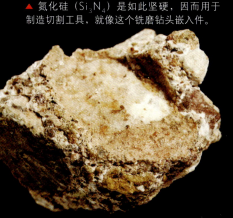

◀ 一个充有沸腾的液氮的杜瓦瓶，它的温度是－196℃（－320°F）。

▲ 治疗心绞痛的硝酸甘油（$C_3H_5N_3O_9$）药片。

电子填充顺序

1s|2s| 2p |3s| 3p |4s| 3d |4p| 5s |4d| 5p |6s| 4f |5d| 6p |7s| 5f |6d| 7p

原子发射光谱

物质状态

27

O

8

▲ 在－183℃温度下，氧是一种美丽的淡蓝色液体。

氧

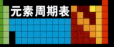

元素周期表

原子量
15.9994
密度
0.001429
原子半径
48pm
晶体结构

▶ 飞机使用的紧急状态氧气发生器：因为当事情从糟糕变得更糟糕时，比其他任何东西都更迫切需要的就是氧气。

EMERGENCY PASSENGER OXYGEN SYSTEM

如果说碳（6）是生命的基础，那么氧就是生命的燃料。氧能够与几乎所有的有机化合物反应的能力驱动了生命的进程。其他物质与氧的燃烧同样驱动了我们的汽车、火炉以及——如果你在美国国家航空航天局工作的话——火箭。（实际上，"燃料"一词通常是指通过与"氧化剂"反应被燃烧的东西，所以，当我说氧是生命的燃料的时候，我用的是隐喻的说法。确切地说，氧是生命的氧化剂。）

我们能够点燃和燃烧木头、纸或汽油的事实与那些东西由什么构成并没太大关系，而更多地与以下事实有关，即我们的大气中含有超过21%的氧，从而提供了现成的高活性氧化剂资源。和火箭相比，喷气式飞机飞行相同距离所需的燃料要少得多，这是因为喷气式飞机是在大气中飞行，而火箭却是在宇宙空间的真空环境中飞行，因此必须随身携带氧供应。

被浓缩成液态后，氧气从温和的生命赋予者变成了暴烈的生命威胁者。公平地说，大多数火箭的实际动力并非来自它们所燃烧的燃料，而是来自它们的氧供应。例如，土星5号探月火箭是用煤油驱动的。（是的，我们用煤油将它送上了月球。）但其特别之处并非煤油，而是土星5号在达到最大推力时每秒所消耗的7.65立方米的液态氧。

考虑到氧是如此剧烈的元素，当我们得知它是地球上含量最为丰富的元素时可能会感到吃惊。氧构

成了地壳的近一半重量以及海洋的86%的重量。但地壳和海洋并非由纯氧组成，而是由它的化合物组成，并且就像我们将从氟这一节中看到的，元素本身越猛烈，它的化合物就越稳定。

▲ 业余焊接用的一次性氧气储罐，含有很少量的氧气，就像提神用饮品一样。

▶ 医用的高压便携式氧气罐。

▶ 在元素收藏中，纯氧只能通过看上去空无一物的瓶子来展示。

▲ 鱼眼石矿$KCa_4Si_8O_{20}(F,OH)\cdot 8H_2O + KCa_4Si_8O_{20}(OH,F)\cdot 8H_2O$。

电子填充顺序
1s 2s 2p 3s 3p 4s 3d 4p 5s 4d 5p 6s 5d 4f 6p 7s 6d 7p

原子发射光谱
500 1000 1500 2000 2500 3000 3500 4000 4500 5000 5500

物质状态

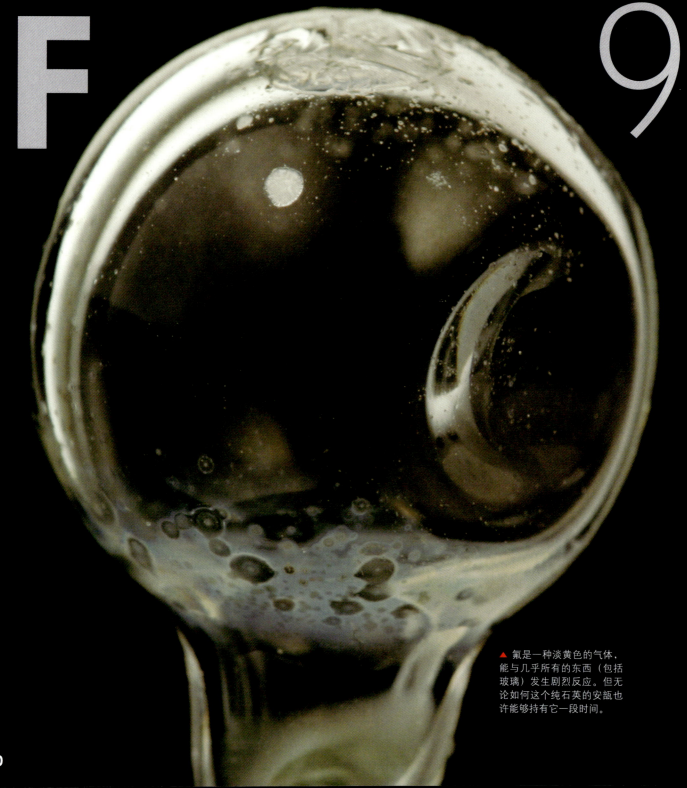

Fluorine

F

9

▲ 氟是一种淡黄色的气体，能与几乎所有的东西（包括玻璃）发生剧烈反应。但无论如何这个纯石英的安瓿也许能够持有它一段时间。

氟

▲ 美丽的紫色萤石，所含的烃类杂质使得其中心染上了黄色。

氟是所有元素中反应活性最强的元素。对几乎任何东西吹一股氟气流都会爆发出火焰，包括那些通常认为不会燃烧的东西，例如玻璃。有趣的是，元素越活泼，它的化合物就越稳定。

当我们说氟具有很强的反应活性时，我们是指当它与其他元素相结合时会释放出巨大的能量。所产生的化合物非常稳定，因为如果要使这些化合物发生分解，就必须投入同样巨大的能量。这些能量必须由某些具有更高反应活性的物质来提供，而对于氟而言，这种物质是非常稀少的。

最著名的高稳定性氟化合物是特氟隆，它的发现纯属偶然。那么多重要的化学产品都是由于意外的因素被发现的，真让人怀疑化学家究竟是多会做错事的一群人。或者，也许当那些意外毁了他们的一天的时候，他们具有善于从意外中发现惊喜的特殊能力。特氟隆是在制备第一批氯氟烃制冷剂的尝试彻底失败中意外形成而被发现的，这种氯氟烃制冷剂现在已由于臭氧层耗尽的威胁而受到禁止。照我说，通过它的失败发现了特氟隆是一个不坏的交易。

特氟隆几乎能完全抵抗化学侵蚀，而它碰巧又很光滑，这使得它在从不粘锅到酸储存瓶的各方面都非常有用。氟的重要性主要体现在它所形成的稳定化合物，而氖却无论如何也不能形成稳定化合物。

▲ 补充氟化物的药片。

▲ 一个37磅重的纯特氟隆圆柱体。

▲ 带有一次性缝合针的特氟隆医用缝合线。

▲ 戈尔公司生产的特氟隆织物。

▶ 含氟牙膏。

◀ Gore-Tex®牌工业过滤袋。

▶ 特氟隆不粘煎锅。

▶ 实验室滴定管上的特氟隆活塞。

元素周期表

原子量
18.9984032
密度
0.001696
原子半径
42pm
晶体结构

5500
5000
4500
4000
3500
3000
2500
2000
1500
1000
500
0

7s 7p
6d
6p
6s
5f
5d
5p
5s
4f
4d
4p
4s
3d
3p
3s
2p
2s
1s

电子填充顺序

原子发射光谱

物质状态

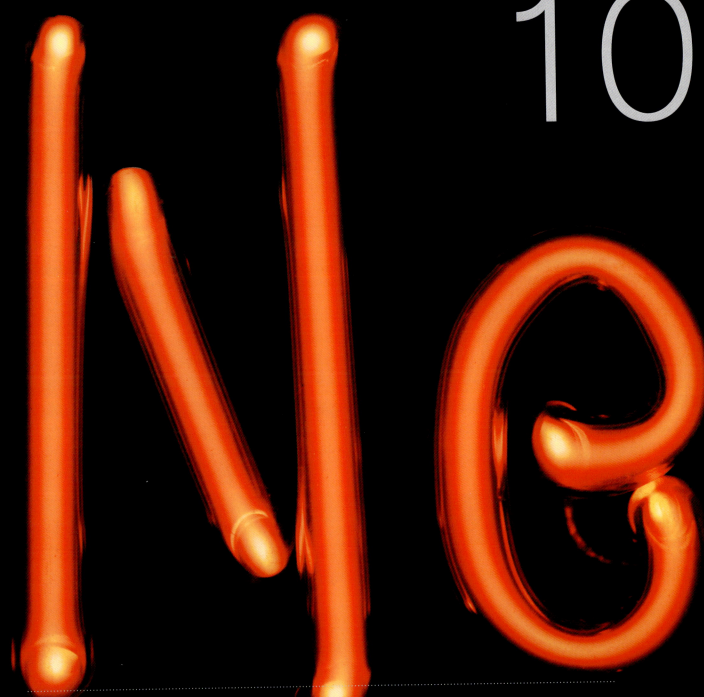

①在英语中，"氖"和"霓虹灯"是同一个单词"neon"。
②Oliver Sacks (1933—)，英国神经学家和科普作家。他创作了多部神经学和其他方面的科普图书，有的还被改编成电影。

氖

光从字面上就可以看出氖等同于灯光①。哪里有灯光，哪里就有氖。这种元素与它的最普遍的用途之间的联系是如此紧密，以至于时代广场和拉斯维加斯被描绘为"霓虹（氖）泛滥之都"。

与"白金"信用卡中不含白金（铂）不同，某些霓虹（氖）灯——橘红色的那种——的确含有氖。当充有低压氖气的灯管发生高压放电时，氖气在沿着灯管中心的那条模糊的线上发射出明亮的橘红色辉光。（任何其他颜色都不是氖。如果你看见一个灯管的光是来自玻璃内壁的不透明涂层而不是灯管的内部，那你看到的就是汞蒸气灯或是带有磷光涂层的氖灯。）

奥立弗·萨克斯②在他令人喜爱的书《钨舅舅》（Uncle Tungsten）中描绘了当他带着一个袖珍分光仪步行穿越时代广场时，如何被看到的各种纷繁的光谱线所迷住。那是辨认真正的氖光线的另一种方法——通过它那不同于任何其他元素或磷光剂的独特的光谱。

氦氖激光是第一种商业用的连续光束激光，虽然它们在许多应用中已经被廉价到难以置信的激光二极管所取代，但氦氖激光仍然是这种元素的重要用途之一。我们所做的与氖有关的事几乎都或多或少地依赖于它在受电流激发时所发出的光线。氖的用途如此之少的缺点已经被氖光的鲜艳和无处不在的事实所掩盖，这使得氖看上去像是一种重要的元素，即使它已经是最不可能被遗忘的元素了。

作为所有元素中反应活性最低的一个，氖完全拒绝与其他任何元素发生化学反应。但是，当回到元素周期表左侧的钠时，我们就肯定不能说这样的话了。

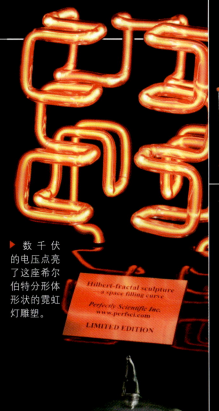

▶ 数千伏的电压点亮了这座希尔伯特分形体形状的霓虹灯雕塑。

Hilbert-fractal sculpture
—a space filling curve
Perfectly Scientific Inc.
www.perfsci.com
LIMITED EDITION

▼ 宽度不超过1/8英寸（1英寸=2.54厘米）的微小指示灯，当使用120V交流电时会闪光。

▶ 纯氖是一种看不见的气体，这里所见到的是它在一个古老的标本安瓿中。

◀ 霓虹灯广告牌的确是用氖制作的，就像这个霓虹灯管。当一股电流通过它时就会产生亮光。

原子量
20.1797
密度
0.000900
原子半径
38pm
晶体结构

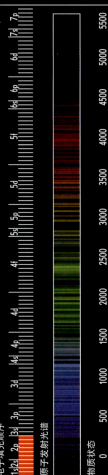

电子填充顺序
1s|2s|3s|2p|3p|4s|3d|4p|5s|4d|5p|6s|4f|5d|6p|7s|5f|6d|7p

原子发射光谱

物质状态

Na

钠

◀ 低压钠蒸气灯，它会非常高效地发出有些令人感到不愉快的光。

钠是所有碱金属（在元素周期表第一列中的元素）中最容易爆炸的，也是味道最好的元素。

说它容易爆炸是因为如果你将它扔到水里，它会快速产生氢气，氢气在数秒钟之内燃烧并随之发生巨大的爆炸，将燃烧着的钠向各个方向抛掷。（其他碱金属也与水发生类似的反应，但总的来说钠产生的爆炸最具吸引力，因此把它扔入湖中或河中成为全世界爱搞恶作剧的人的爱好。）

说它味道最好是因为钠与氯（17）相结合以后会形成氯化钠，或称为食盐。氯化钠被广泛认为是碱金属氯化物中味道最好的一个。对于需要低钠饮食的人，氯化钾可作为食盐的代用品，但它会在咸味之外增加一点苦涩的金属味。氯化铷和氯化铯的咸味更淡而金属味更浓，而氯化锂先是产生灼烧般的感觉，紧接着是一种油腻的金属味的回味。

大量纯金属钠在化学工业中用作还原剂，并且虽然被认为是一个很糟糕的主意，但在某些核反应堆中，液态钠用于将热量从反应堆核心转移到涡轮机中（是的，已经发生过惊人的钠泄漏了）。更为日常的用途则是，当使用钠蒸气灯泡时，每单位的电量能够产生比几乎所有其他种类的灯泡更多的光，但是在钠灯光下面的人看上去像死人。

对钠的使用仅限于它的化学特性。下一种元素——镁则在其化学特性和结构性质两方面都很有用。

◀ 用刀切开并保存在油里的柔软的、闪着银色光泽的钠块。它们在空气中几秒就会变白；当被暴露在水中时，它们产生氢气并在熔融的钠火球中发生爆炸。

◀ 液态氢氧化钠英文俗名是Lye（碱液），通常作为一种阴沟清洗剂来销售。

◀ 高性能赛车发动机的充满钠的阀杆，被切开来展示其中的钠。

▶ 高压钠蒸气灯，常用来高效地产生不完全令人不愉快的光。

▼ 方钠石矿石（$Na_4Al_3Si_3O_{12}Cl$）。

◀ 一块用来供马舔食的盐砖（氯化钠）

35

Mg 12

镁

镁是第一种真正非凡的结构金属。（第4号元素铍是一种优良的金属，但高昂的价格和毒性使它不能成为非凡的金属。）镁的价格适中，坚固、轻便，并且容易加工，唯一的缺点就是它的高易燃性。

镁是如此易燃，以至于可以用一根火柴将一根镁条点燃，而镁的细粉末则极具爆炸性。早期的照相机闪光灯无非就是用一个橡皮球把一股镁粉吹到一盏烛火中，而许多现代的烟火混合物都含有镁粉，用来产生更亮和更响的效果。

如果用镁来制造汽车部件，它的可燃性可能是一个障碍。但出乎意料的是，大块镁部件很难着火。这是因为大金属块能以足够快的速度把热量从它的表面传导掉，从而使自己不会被点燃。镁用于制造赛车、飞机和自行车，尽管曾经发生过用镁制造的赛车框架着火的事件，引起了巨大的灾难。（1955年在法国勒芒市，一辆着火的镁制车体的赛车撞入看台，导致81人死亡，这样的事故竟然没有被认为严重到需要停止比赛。）

含有百分之几镁的铝（13）合金则要普遍得多。令人困惑的是，用这种冒名顶替的东西制作的车轮常常被称为"镁车轮"，但它们比真正的镁制车轮（也能买到，但需花费几倍的价钱）重60%。

即使镁是那样非凡，但就何为尽善尽美的金属这一点而言实际上没有竞争：铝轻而易举地赢得了胜利。

▲ 一块镁砖，上面刻着这种元素的物理性质。

▲ 一块镁簧火引发器。

▲ 早期的镁带固定器，用来使接触印刷曝光。

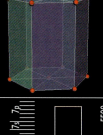

▼ 20世纪20年代的成套镁粉闪光灯装备。

▲ 一块镁印版。

▲ 镁胶片夹。

▶ 纯镁刹车固定毂。

元素周期表

原子量
24.3050
密度
1.738
原子半径
145pm
晶体结构

电子填充顺序 | 原子发射光谱 | 物质状态

37

◀ 显示其内部晶体
结构的被侵蚀的高纯
度铝块。

①拿破仑三世(Napoléon III)，法兰西第二共和国总统(1848—1851)，第二帝国皇帝(1852—1870)。

铝

尽管还有几种方法加以改进，但铝非常接近理想的金属：它可以像铁（26）一样便宜且容易焊接，像锌（30）或锡（50）那样容易铸造。总的来说，它是一种非常优秀的原材料：轻而且足够坚固，除了性能要求特别高的军用飞机以外，它能用来制造大多数飞机；但它又足够廉价，能够用在每一个厨房里。（过去它并非总是那么便宜：当第一次生产得到纯金属铝时，它被认为是与金和银并列的贵重金属。拿破仑三世[①]用铝盘子招待他最重要的客人，而普通亲王和公爵只能用金盘子。）

和钢比较，铝独具特色的优点是它不会生锈。这使得铝和空气反应的速度比铁更快这一事实让人吃惊。不同之处在于，"铝锈"是一种坚硬、透明的氧化物，也被称为"刚玉"，是已知的最坚硬的物质之一。当暴露在空气中时，铝会马上用一层薄薄的这种物质将自己保护起来，这一保护层比铝金属本身更为坚固。而铁愚蠢地用一层红色的片状粉末包裹自己，那种东西很快就会脱落，将新鲜的铁暴露出来被进一步氧化。

但实际上，铝的确是非常活泼的。粉末状的铝是现代闪光粉和火箭燃料混合物的基本成分，而某种颗粒度以下的铝粉被禁止销售也就是由于这个原因。

铝矿是非常普遍的，包括诸如刚玉（红宝石和蓝宝石的一般形式）和绿柱石（翡翠和海蓝宝石的一般形式）这样的基本要素。在矿石和岩石中的铝构成了地壳的大部分，就像它在元素周期表中的邻居——硅那样。

▲ 用于试验目的的纯铝块。

▼ 金属化的（镀铝的）聚酯薄膜急救毯。

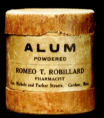

◄ 古老的和现代的药用明矾（硫酸铝钾）。

▼ 利用铝的高导热性的散热器。

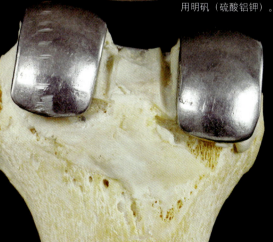

◄ 铝从未用于医学移植物，但这个是制作来给医生训练用的。骨头是真的，但铝移植物则是假的。

▲ 将熔化的铝倾倒入一桶水中后形成的小节结。

原子量
26.981538
密度
2.7
原子半径
118pm
晶体结构

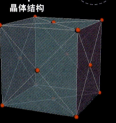

电子填充顺序
1s 2s 2p 3s 3p 3d 4s 4p 4d 4f 5s 5p 5d 6s 6p 7s 7p

原子发射光谱

物质状态
0 500 1000 1500 2000 2500 3000 3500 4000 4500 5000 5500

5356个铝合金环组成的可
爱的沙漏状十二面体。

▶ "萤火虫"铝含有一种细粉末和薄片的混合物,使焰火有一种随机闪耀的效果。

◀ 当一个非常纯的铝圆柱体在巨大的压力下被挤压到原有高度的几分之一时,就会产生这种凹凸不平的表面。

▶ 工厂里糟糕的一天:这个机械加工的巨大铝块件将被送到位于西雅图的波音公司的废品仓库。

▲ 铝制的大炮是毫无意义的,除非只是作为模型。这是作者从前在手工艺课上制作的——那时候的中学依旧开设手工艺课。

▼ 氧化铝砂轮是非常常见的。

◀ 同事给的礼物:用装在铝制硬碟盘中的巧克力戏弄作者。

▶ 高纯度铝喷涂的西餐盘。

◀ 为了得到良好的导热性,普通铝制炊具通常是用相当纯的铝制造的。

◀ 从沙子精炼工序的第一
步得到的低纯度——但很漂
亮——的硅熔团。

硅

元素周期表

原子量
28.0855
密度
2.330
原子半径
111pm
晶体结构

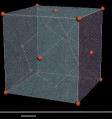

　　自从化学家指出在所有元素中硅形成复杂分子链的能力与它的邻居碳(6)最为接近以来,以硅为基本成分的生命形态已成为科幻小说中一个被炒作的主题。在某种程度上,那些长碳链分子(这是指你哦)完全可能正在阅读这篇文章。

　　但是,现在似乎已经很清楚了,至少在这个星球上,如果出现以硅为基本成分的生命,那也不是由于硅形成分子链的能力,而是由于它形成半导体晶体的能力。计算机芯片的制造从普通的白色硅土海滩沙(二氧化硅)开始,以超高纯硅的近乎完美的单晶结束,然后以超过可见光的分辨率蚀刻图案。能做到这一点是个非凡的成就;使今天的普通儿童玩具包含了比阿波罗登月火箭更为强大的计算能力的就是这种能够颠覆或取代人类文明的东西。

　　地球的骨架——岩石、沙、黏土和土壤——极大部分是由硅酸盐矿[硅和氧(8)以及数量较少的铝(13)、铁(26)、钙(20)及其他组分]构成的。在地壳中只有氧的含量比硅大。因此,如果计算机接管了这个世界,它们将会有充足的原材料用于繁衍子孙,或者做诸如此类的事情。

　　唯一的身体内部不存在大量硅的东西就是你了——虽然一些海绵的骨架是用硅玻璃生长成的,但组成你的骨骼(假设你不是海绵)的是磷酸钙,以几乎不含硅的坚固的中空的羟基磷灰石的形式存在。还不清楚为什么大多数进化了的地球生物只是偶然地利用那无处不在的硅(而不像那些聪明的海绵和计算机),取而代之的却偏偏选择了磷——在下一页你将会看到,那是一种悲剧性地供应短缺的元素。

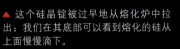

▲ 这个硅晶锭被过早地从熔化炉中拉出:我们在其底部可以看到熔化的硅从上面慢慢滴下。

▲ 一满碗被切成方块的硅芯片。

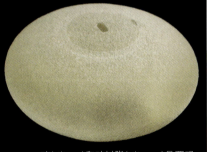

▲ 硅(silicon)和硅树脂(silicone)是两码事!用于隆胸的植入物是由柔软的硅树脂橡胶而非坚硬的晶体硅制造的。

▼ 芯片生产中被丢弃的巨大的硅结晶晶锭。

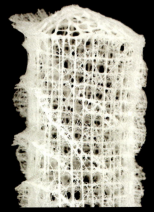

▼ 这是一种被誉为"维纳斯花篮"的海绵的骨架,其成分是二氧化硅。

▼ 高纯度的精炼硅。

电子填充顺序
原子发射光谱
物质状态

1s 2s 2p 3s 3p 3d 4s 4p 4d 4f 5s 5p 5d 5f 6s 6p 6d 7s 7p

500 1000 1500 2000 2500 3000 3500 4000 4500 5000 5500

▲ 这块罕见的紫色的磷被认为是红磷和黑磷的
混合物，并不是真正的同素异形体。

磷

就其元素形态而言，磷，尤其是它的同素异形体白磷是一种令人不快的东西。白磷于1669年在汉堡被发现，并于1943年在第二次世界大战的一次大轰炸中帮着把这座城市夷为平地（镁燃烧弹推倒建筑物，白磷则烧死从建筑物中逃出的人）。时至今日，白磷大炮炮弹和迫击炮炮弹依然用于战争并造成了可怕的后果。

但就磷酸盐（含有 PO_4^{3-} 基团的化合物）的形态而言，磷是生死攸关的，在大部分人类历史中它是食用谷物生长的限制因素。纵观历史，土壤中磷的枯竭曾经造成巨大的饥荒。通过海鸟粪、骨粉或其他肥料来补充磷的努力决定了文明的命运。

这种情况一直延续到17世纪中叶，我们才学会如何用磷酸盐矿生产化肥的方法，使它成为解决这种短缺的技术。也许正是磷肥使得人口爆炸到了这样一个节点，以至于如今在很多地方，是水而非磷成为发展的限制因素。

纯磷以几种同素异形体或分子形态存在。红磷相对稳定并作为点火剂广泛用在火柴中。黑磷很难制备且很少见，没有重要的用途。白磷有毒，可自燃，主要用于战争，是非常接近于纯粹邪恶的东西。如果仅仅依据嗅觉来判断，它比硫还相对好一些。

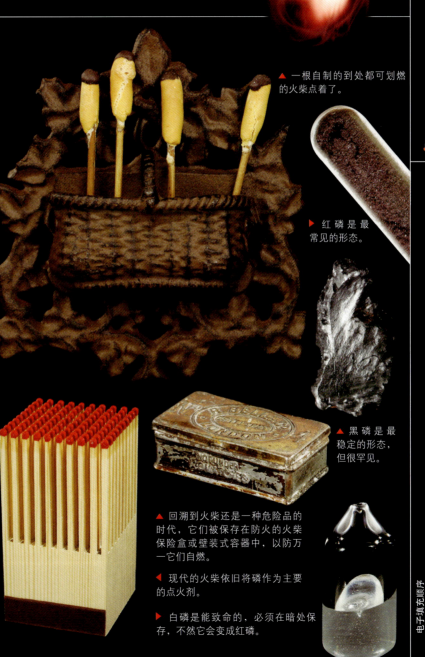

元素周期表

原子量
30.973761
密度
1.823
原子半径
98pm
晶体结构

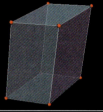

▲ 一根自制的到处都可划燃的火柴点着了。

▶ 红磷是最常见的形态。

▲ 黑磷是最稳定的形态，但很罕见。

▲ 回溯到火柴还是一种危险品的时代，它们被保存在防火的火柴保险盒或壁装式容器中，以防万一它们自燃。

◀ 现代的火柴依旧将磷作为主要的点火剂。

▶ 白磷是能致命的，必须在暗处保存，不然它会变成红磷。

电子填充顺序
1s 2s 2p 3s 3p 3d 4s 4p 4d 4f 5s 5p 5d 5f 6s 6p 6d 7s 7p

原子发射光谱

物质状态

45

Sulfur

S

16

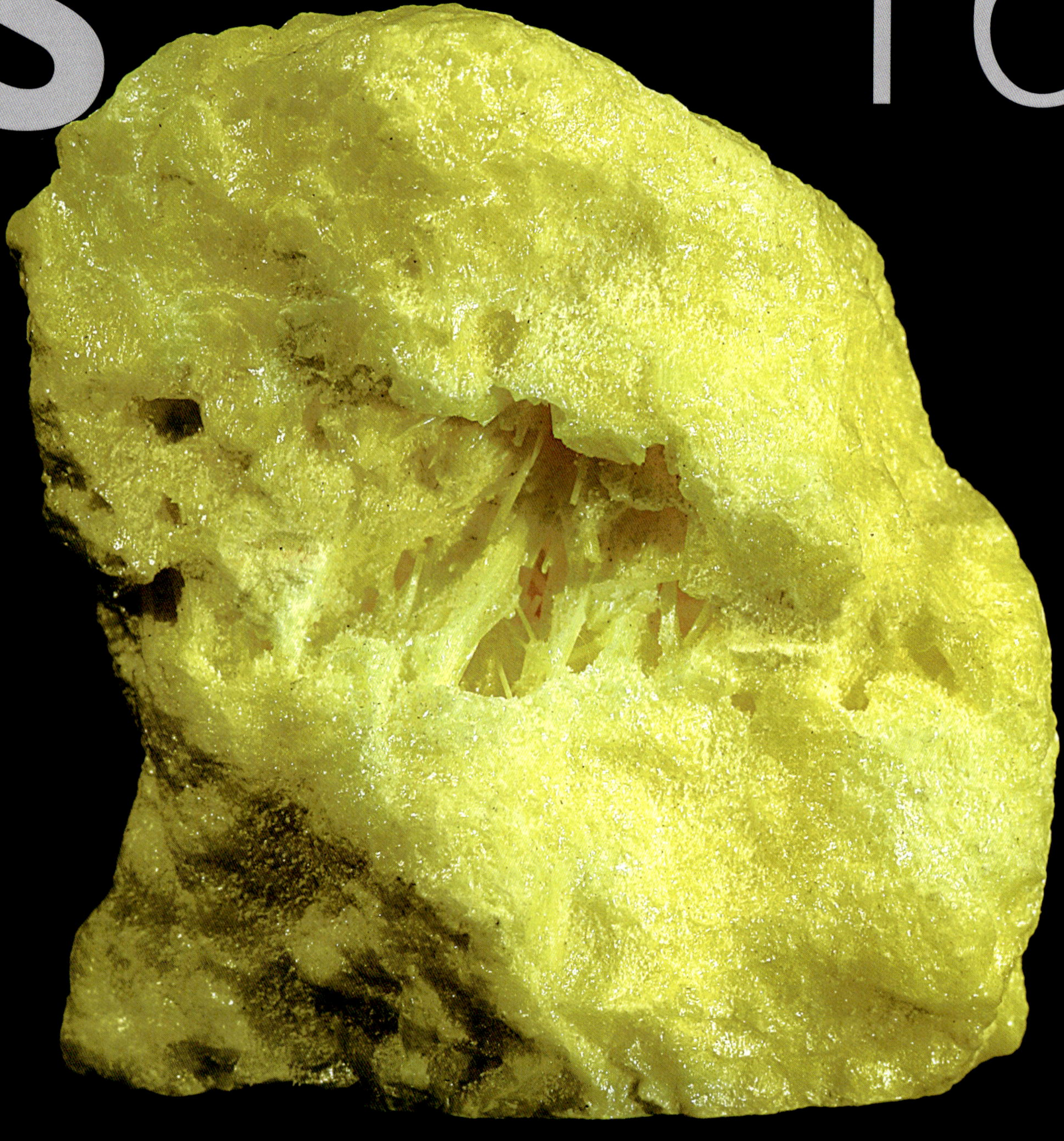

硫

毫无疑问，硫是一种难闻的东西。它的粉末很臭，它的晶体也很臭，而当它燃烧的时候你就会理解为什么很多传说会用硫来填满它们的地狱（硫在历史上的名字是"地狱火石"）。

许多硫化物同样不讨人喜欢，它们当中主要是硫化氢，具有臭鸡蛋的味道。从燃烧的煤、汽油或柴油中排放出的硫化物是都市烟雾的主要成分，而如今将它们从废气和燃料中清除已经是强制性的了。

硫也是火药的三种基本成分之一，因此它的手上沾满了千百万人的鲜血。

就不能为硫说些正面的东西吗？好吧，不可否认，硫是很有用的。在化学工业中生产并消耗了数量巨大的硫，主要是制备硫酸这个用于无数生产工序的主力酸。

虽然它很臭，但你能在花卉商店买到用来调节土壤酸度的成袋的粉末状的硫。（由于某些原因，硫通常被认为是一种"有机"材料，而非令人厌恶的"化学"产品，虽然坦率地说，我认为那种评价多少有些让人难以理解。）

硫闻起来很糟糕，但你能安全地处理大量的硫。另一方面，氯在低浓度下有一种几乎是好闻的味道，能令人想起游泳池带来的愉悦。但如果周围的氯超过限量的话就要小心了。

▼ 90%纯度的硫在任何花卉商店都能很便宜地买到。

▲ 纯天然的硫的大块晶体。

▲ 黄铁矿（FeS）。

▶ 硫以这种形式从去除焦化厂废气中有害的二氧化硫的设备中滴落下来。

▶ 洋葱和大蒜的独特气味都来自硫化物。

◀ 古老的药用硫。

▶ 青霉素($C_{16}H_{18}N_2O_4S$)曾一度是如此稀缺，以至于人们从病人的尿中将其回收使用。这瓶用来治疗马的100毫升药剂要花费7美元。

◀ 这是在火山和地热温泉的喷口生成的很纯的天然硫。

元素周期表

原子量
32.065
密度
1.960
原子半径
88pm
晶体结构

▲ 氯气为浅黄色，在白色的背景下正好看得见。

①Fritz Haber (1868—1934)，德国著名物理化学家。赞扬哈伯的人说他是天使，为人类带来丰收和喜悦，是用空气制造面包的圣人；诅咒他的人说他是魔鬼，给人类带来灾难、痛苦和死亡。他是合成氨的发明者，在第一次世界大战中又是德国进行毒气战的科学负责人。

氯

在第一次世界大战那令人精疲力尽的堑壕战阶段，氯被用作毒气。士兵们会在前沿阵地上安放一排气体钢瓶，等到风吹向敌方时，就打开阀门并拼命跑开。这种战争行为[有时是在弗里茨·哈伯①的亲自监督下进行的，关于此人对人类的正面贡献已经在氮（7）这一部分谈到]被逐步停止，因为经验表明，无论哪一方施放的毒气都会造成双方大约相同数量士兵的死亡。

我曾经吸入过一点点氯气，数量并不足以造成伤害但大概也接近边缘值。那感觉是一种纯粹的、瞬间产生的极大痛苦，好像有人用一支焊枪指着你的鼻窦一样。由氯气导致的死亡必定是难以想象的可怕。

另一方面，小量的氯气则是最便宜、最有效以及最无害的消毒剂之一，用它处理饮用水和废水，拯救了数以百万计的人而没有对环境造成持久的影响。总而言之，氯拯救的生命远多于它所夺去的。

在许多普通的家用化学品中都能发现氯。氯漂白剂是一种次氯酸钠（NaClO）溶液，当它与任何酸性物质混合时都会释放出具有特殊气味的氯气。普通的食盐是氯化钠（NaCl），而胃酸的主要成分是盐酸（HCl）。

氯是一种多样性的元素，广泛分布在自然界中，氯离子则参与了生命中从神经传导到消化的各种功能。氯是一种世界性元素，而氩则由于它的与世无争得到了惰性气体的头衔。

▶ 装在一个石英玻璃安瓿中的高压液化氯。

▼ 给土壤中含盐（氯化钠）水平低的地区的家畜使用的一块巨大的盐砖。

T3298W

▼ 通常以小球状出售的氯化钙用来融化雪和冰。

▲ 氯漂白剂（次氯酸钙）和古老的作为吸入药剂的医疗用氯气（在酒精溶液中）。

▼ 产自美国死亡谷的盐（氯化钠）。

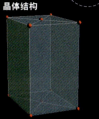

原子量
35.453
密度
0.003214
原子半径
79pm
晶体结构

电子填充顺序　1s2s 2p 3s 3p 3d 4s 4p 4d 5s 5p 5d 4f 6s 6p 7s 7p

原子发射光谱

物质状态

18

◀ 作为惰性气体，氩是惰性的、无色的，但它受电流激发时会产生色彩浓郁的天蓝色辉光。

氩

氩的英文名字"argon"来源于希腊语，意思是"没有活性的"，它的确名副其实。关于它的几乎所有应用都与它是惰性气体中最便宜的这一事实相关联。氮气（N_2）更便宜，并且在许多用途中也具有足够的惰性，但在高温下它会分解，而氩对化合作用有着与生俱来且毫不动摇的漠不关心（除了一些由于纯学术兴趣而制成的极其不稳定的化合物）。

爱迪生发明的第一个灯泡通过真空来保护灯丝免遭氧化，而现代的白炽灯泡取而代之的是注入约一个大气压的氮气和氩气的混合物，这使得灯泡能够有一层像纸一样薄的玻璃壁[奇特的是，更小的灯泡则注满氪（36）、氙（54）和/或卤素气体，这使得灯丝灼烧得更热，从而更亮]。

多亏有了用来往酒瓶里装满氩气来保护开了封的酒不会被氧化的小装置，我们才能够在零售店买到装在小钢瓶里的氩气。（就我所知，在葡萄汁变质前就把它喝掉显然容易得多；采用这种简单的权宜之计，我们可以避免很多葡萄酒方面的欺诈行为。）

我们的大气层中有数量惊人的氩，几乎占了空气体积的1%，这使得它的价格相对便宜。商业氩是液氧（8）和液氮（7）生产中的副产品，这二者的产量都十分巨大。

在把话题转到钾的时候，我们很高兴回到了与世俗的东西紧密相连的元素，这里说的是放射性的香蕉。

▲ 指示灯中的放电形成了灰白色辉光。

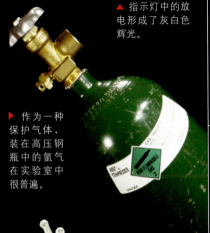

▶ 作为一种保护气体，装在高压钢瓶中的氩气在实验室中很普遍。

◀ 一次性小氩气钢瓶，用在保护葡萄酒的小装置上面。

◀ 纯氩是一种看不见的气体。

▼ 这个冒牌医生的"紫色射线"发生器可以产生令人印象深刻的氩气紫色放电，但那毫无医疗效果。

▲ 你不能看见充满这个双层窗的氩气，因为它像窗玻璃一样是透明的。

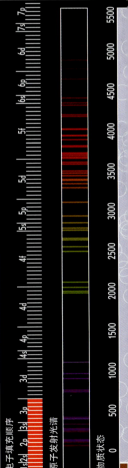

元素周期表

原子量
39.948
密度
0.001784
原子半径
71pm
晶体结构

电子填充顺序
1s 2s 2p 3s 3p 3d 4s 4p 4d 4f 5s 5p 5d 5f 6s 6p 6d 7s 7p

原子发射光谱

物质状态

K

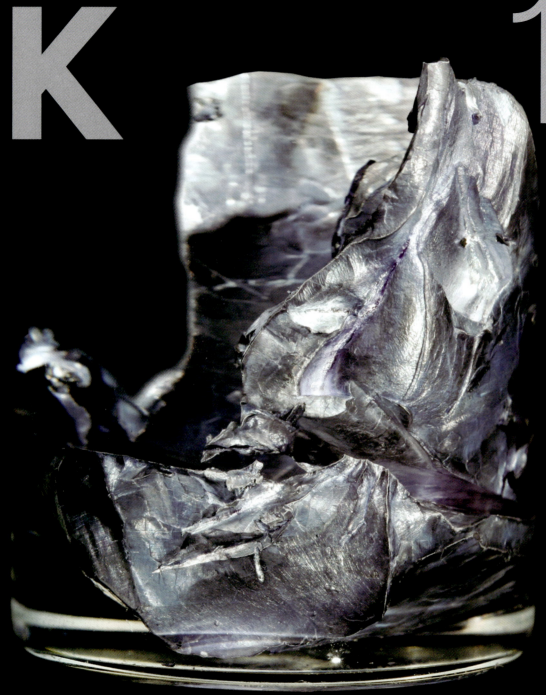

◀ 这些柔软的钾块上的紫色色调是一层非常薄的氧化物层。当暴露在空气中时它们会在数秒内变黑。暴露在水中时它们会爆炸，发射出独有的紫红色小火球。

①Isaac Asimov (1920—1992)，美国当代最著名的科普作家和科幻小说家。

钾

放射性的香蕉！如果报纸记者只抓住一半事实的话，报纸的头条就可能是这样写的了。但令人心安的真相是，几乎我们所吃的每一样东西都是带有放射性的，香蕉只是带得稍多了一些而已。香蕉富含重要的营养素钾，全世界大约万分之一的钾原子是放射性同位素钾-40。

这一痕量的放射性是我们所有人每天都要暴露在其中的自然背景辐射的一小部分。有趣的是，作家伊萨克•阿西莫夫®推断，自地球形成以来的几十亿年间已经逐渐减弱的钾-40辐射甚至是决定智能生物进化的机会之窗。早期地球上存在的太多量的钾-40阻碍了脆弱的长基因组的形成，而今后过低量的钾-40会使基因突变的速度大大减慢，难以完成大量的突变，从而会影响进化速度。

这当然纯粹是推测，但它很有趣地反映了如下观点：如果没有辐射诱发的突变，我们也许就不能在这里思考了。

无论是否有放射性，钾都是碱金属的一员，因此将它扔到水里是很有趣的。因为钾的反应活性比钠（11）更高，在接触到水的一刹那，它会爆发出美丽的紫色火焰，往往由于如此强大的爆发力，火焰会以一定的距离向各个方向散布。

在身体内，钾以离子的形式存在，对神经传递起着决定性作用：当钾水平过低时，手指就会无法动弹；而如果这种缺乏到达心脏，死亡就会接踵而至。如果不能立即得到有效的医疗护理，那么治疗方法就是吃香蕉。

钾使身体的各部分保持运动，而钙则是使身体保持良好外形的东西。

▲ 草碱（碳酸钾）和草碱的硫酸盐（硫酸钾）是常用的化肥。

◀ 无钠盐（氯化钾）具有轻微的放射性。

▼ 一位德国收藏家制备的美丽闪亮的钾。要让这种金属不被氧化是极其困难的。

◀ 香蕉的含钾量很高，因此既有利于健康，又有放射性。

元素周期表

原子量
39.0983
密度
0.856
原子半径
243pm
晶体结构

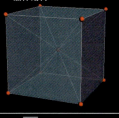

◀ 令人吃惊的是，纯钙是一种坚固的银色金属。只是在化合物中它才显现独特的白垩状。

---

① "白垩"和"粉笔"在英文里是同一个单词"chalk"。

钙

说到"钙"，大多数人会想到白垩状的白色东西，或者牛奶。那种被称为"白垩"的石头，一如英国东南部白色的多佛悬崖，其实是碳酸钙，而在各种黑板上所用的粉笔在今天是用硫酸钙（也叫做石膏）制作的。（铅笔中的"铅"并非用铅制造，而通常的粉笔也并非用白垩[①]制造；那些书写工具和它们那误导人的名字间究竟发生了什么？）

无论是粉笔还是牛奶中的钙都属于钙的化合物。纯钙本身是一种发光的金属，外表和铝相似。你很少能看见钙的金属形态，因为它在空气中不稳定，很快就转变为氢氧化钙和碳酸钙，就像你所预料的那样，这些都是白垩状的白色物质。当与水或酸接触时，金属钙会像碱金属那样放出氢气，但速度比较慢。由于反应可以控制，它成为一种用来制备少量氢气的有用原料。

我们一直被告知钙对强健的骨骼而言非常重要，并且实际上它是骨骼矿化的主要成分（哺乳动物的骨骼是坚硬的羟磷灰石泡沫，那是磷酸钙水合物的一种形态）。虽然有些人可能把骨头想像为是由其他某种东西构成的（例如玻璃，参见硅，第14号元素），但是钙离子在细胞的生物化学中的功能是更为根本性的。钙不断地在细胞内和细胞外来回穿梭，以一种如此重要的方式协调神经和肌肉的活动，以至于身体宁可溶解骨骼而不允许血钙水平降低。（实际上，有一种理论推测，在进化初期骨骼是为了应对这类突发事件而用来储存钙的，它所承担的结构性功能是后来添加的东西。）

钙位于生命中大量需要的元素之列。其他的那些，如硒（34），只是由于一些特殊的酶才会有微小量的需要。还有一些，如钪，无论如何在体内都绝对没有任何作用。

▲ 粉笔是用石膏（硫酸钙）制造的。

▲ 方解石矿石（碳酸钙）。

▼ 贝壳由碳酸钙构成。

▲ 一罐氢化钙，用来产生向气球充气用的氢气。

◀ 由碳酸钙构成的罕见的夏威夷珊瑚。

▶ 褶伞蜥的头盖骨由水合磷酸钙构成。

▲ 一罐金属钙用来产生氢气，用于讳莫如深的军事目的。

元素周期表

原子量
40.078
密度
1.550
原子半径
194pm
晶体结构

电子填充顺序　原子发射光谱　物质状态

Sc

21

钪

钪是许多人从未听说过的元素中的第一个。全世界纯金属形态的钪的年交易量少于100磅，正由于如此，可以可靠地说，只有极少数人见过这种元素的纯金属形态。（氧化钪的世界年交易量约为10吨，按照世界标准这依然是个很小的量。）

钪是某类元素的一个例子，这类元素之所以昂贵并非由于其在地壳中含量稀少，而是由于它们不在任何一个地区集中分布。对大多数其他元素而言，甚至是那些总体上更加稀缺的元素，总能发现在某个地方它以很高的浓度集中；而钪却是稀疏地分布于每一处，这使得它的收集和纯化的成本都极高。

钪用于制造坚韧的金属和产生明亮的光线。微量的钪与铝混合能得到某种已知最为牢固的铝合金，这种合金可用于制造战斗机、棒球棒以及自行车车架（所有那些昂贵的品种）。在高亮度金属卤化物放电照明设施中的碘化钪能将原本刺眼的光转化为更让人愉快的类似于太阳光的光。

金属卤化物放电照明设施用于需要大量光的地方，如街道、仓库以及大型超市。除了钠灯以外，它比任何普通的光源都更为高效，但钠灯发出的黄色光有一种使人看起来像是僵尸的倾向，因此除了高速公路照明以外，在其他任何地方使用都不会令人感到愉快。可能某一天半导体照明灯具会占据我们的家，但从金属卤化物灯泡中发出的绝对大量的光依旧会在公众场所中确保它的位置。这绝对不是夸张。

钪灯是那种你看到过千万次却从未听说过它的名字的东西。另一方面，钛却是那种名字早已听说过千万次但没有人真正见过的金属。

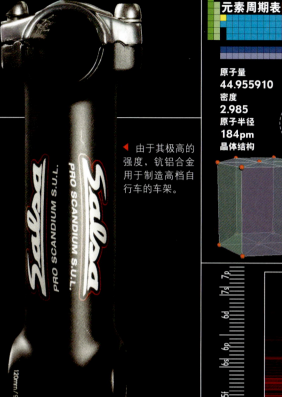

◀ 由于其极高的强度，钪铝合金用于制造高档自行车的车架。

▼ 巨大的钪铝合金铸锭，世界上大多数钪以这种形式交易。

▼ 硅磷钪石（$ScPO_4 \cdot 2H_2O$）。

◀ 这些用真空蒸馏法提纯的金属钪晶体将用于制造日光色金属卤化物电弧灯。

▲ 金属卤化物灯中的钪产生让人特别愉快的灯光。

原子量
44.955910
密度
2.985
原子半径
184pm
晶体结构

电子填充顺序   1s 2s 2p 3s 3p 4s 3d 4p 5s 4d 5p 6s 4f 5d 6p 7s 5f 6d 7p

原子发射光谱

物质状态

5500 5000 4500 4000 3500 3000 2500 2000 1500 1000

Titanium

Ti

22

钛

钛是最受大众欢迎的元素之一，它是如此受欢迎，以至于那些销售人员将这个名字用在成千上万种商品上而不管它们是否含有真正的钛。

如果你有一根在金属部分显著地铸有"钛"字样的高尔夫球杆，那么请你在相信它的确是钛制的之前三思。有些真是钛制的，而有些则不是。一种简单的测试方法是将球杆放在砂轮上，如果你没有看到真正的钛发出的那种特有的明亮的白色火花，那么你就没有损坏任何有价值的东西。

无论是在名字上（其名字来自希腊神话中的泰坦巨神）还是在事实中（由于其极高的强度，它被用在喷气发动机、各类工具以及火箭中），钛都代表着强大。钛根本不生锈，并且不会引起过敏，这两种特性是如此杰出，以至于用钛制造

的人造髋关节、牙科植入物以及贴身首饰（例如，舌钉、眉环以及其他通常插在青少年身体上的东西）广受欢迎，广泛用于人体内。

虽然金属钛很昂贵，但是钛矿石是很丰富的。其高昂的价格源自此种金属精炼上的困难，而非其稀缺。二氧化钛（俗称钛白粉）到处都有分布。它是白色油漆中的白色成分，在其他颜色的油漆中作为不透明物质，用来阻止底层的颜色透过表层显示出来。甚至本书的纸张中也含有二氧化钛，以防止同一张纸上这一个页面的内容会透过下一个页面显示出来。

从导弹到剃须刀，钛是一个流行的超级明星，这必定是使它的邻居钒产生嫉妒的原因。虽然在它的帮助下能产生强度甚至比钛还要高得多的合金，但钒的努力依然是默默无闻的。

◀ 作者用一块纯度为99.999%的晶体钛棒通过机械加工得到的戒指。

◀ 涂在电动剃须刀刀片上的金色氮化钛。

◀ 从左上角起，按顺时针方向依次为钛制的切丝齿轮、钛扬声器纸盆、钛戒指以及钛哑铃状脐饰。

▶ 两根高尔夫球杆，其中之一是真正钛制的，另一根则为赝品。提示：6061是一种标准的铝合金。

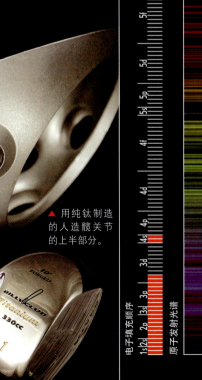

▲ 用纯钛制造的人造髋关节的上半部分。

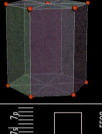

原子量
47.867
密度
4.507
原子半径
176pm
晶体结构

▲ 这个人造髋关节的表面是球珠状的，这有利于和骨头更好地长在一起。

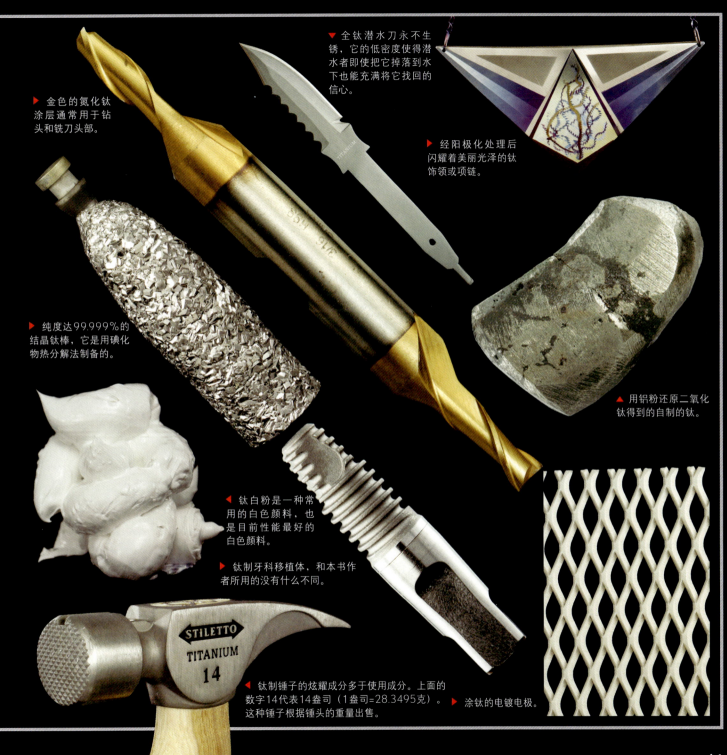

▶ 金色的氮化钛涂层通常用于钻头和铣刀头部。

▼ 全钛潜水刀永不生锈，它的低密度使得潜水者即使把它掉落到水下也能充满将它找回的信心。

▶ 经阳极化处理后闪耀着美丽光泽的钛饰领或项链。

◀ 纯度达99.999%的结晶钛棒，它是用碘化物热分解法制备的。

▶ 用铝粉还原二氧化钛得到的自制的钛。

◀ 钛白粉是一种常用的白色颜料，也是目前性能最好的白色颜料。

◀ 钛制牙科移植体，和本书作者所用的没有什么不同。

STILETTO
TITANIUM
14

◀ 钛制锤子的炫耀成分多于使用成分。上面的数字14代表14盎司（1盎司=28.3495克）。这种锤子根据锤头的重量出售。

▶ 涂钛的电镀电极。

V

23

这个精致的钒雕塑其实是在车床上从一个钒圆柱体上切割下的一个小薄片。

钒

工具钢和高速钢是铁（26）合金家族中的成员，它们的特征是超高的硬度、韧性和抗腐蚀性，这些特性是由几个百分比的钒以碳化钒的形式提供的。虽然比钛（22）要重一些，但钒钢比钛硬得多。

由于制造钢合金是它的主要用途，大多数情况下钒以铁钒母合金的形式出售，这意味着在铸造之前就要把钒加到铸炉中的钢里。母合金的含钒量远高于最终产品，但它被加入到液态铁中以后很容易熔化——不像熔点高得多的纯钒。

虽然在商场中钒不如钛那样迷人并为众人所喜爱，但还是会在许多工具上看到显著的"钒"标志。与很多用钛来打牌子的东西不同，我们可以非常肯定那些工具的确是用钒合金钢制造的。虽然碳化钨切割工具已经是一种更为坚硬的替代品，但是以钻头、木工刀、套筒扳手、钳子及其他种种形式，钒高速钢在工业机械加工中仍然保持了骨干身份，在家庭作坊中也是主角。

力量和刚毅决定了钒的工作的一生，同时钒还具有美好的另一面：一些翡翠的绿色来自它所含的钒杂质。（相当多辛苦工作的元素聚在一起构成了翡翠的美丽，例如铍铝硅酸盐的晶体，属于绿玉的一类。）

如果说钒造就了"某些"翡翠的绿色，那么其他的翠绿色又是由谁产生的呢？这些颜色来自于钒的一位邻居，那就是铬。

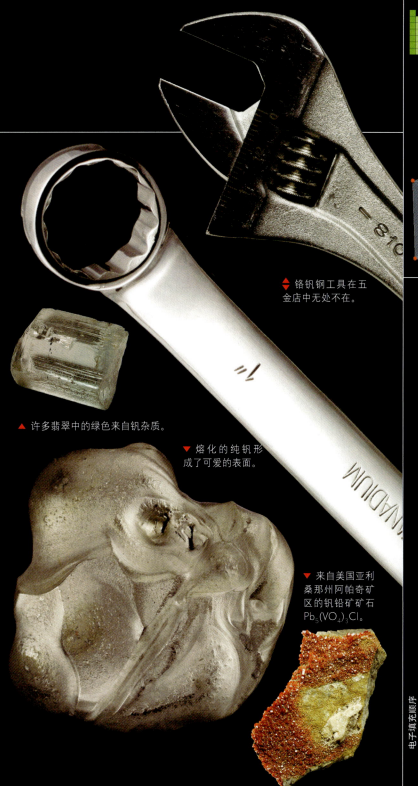

▼ 铬钒钢工具在五金店中无处不在。

▲ 许多翡翠中的绿色来自钒杂质。

▼ 熔化的纯钒形成了可爱的表面。

▼ 来自美国亚利桑那州阿帕奇矿区的钒铅矿矿石 $Pb_5(VO_4)_3Cl$。

元素周期表

原子量
50.9415
密度
6.110
原子半径
171pm
晶体结构

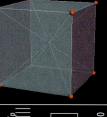

电子填充顺序

1s 2s 2p 3s 3p 3d 4s 4p 4d 4f 5s 5p 5d 5f 6s 6p 6d 7s 7p

原子发射光谱

物质状态

0 500 1000 1500 2000 2500 3000 3500 4000 4500 5000 5500

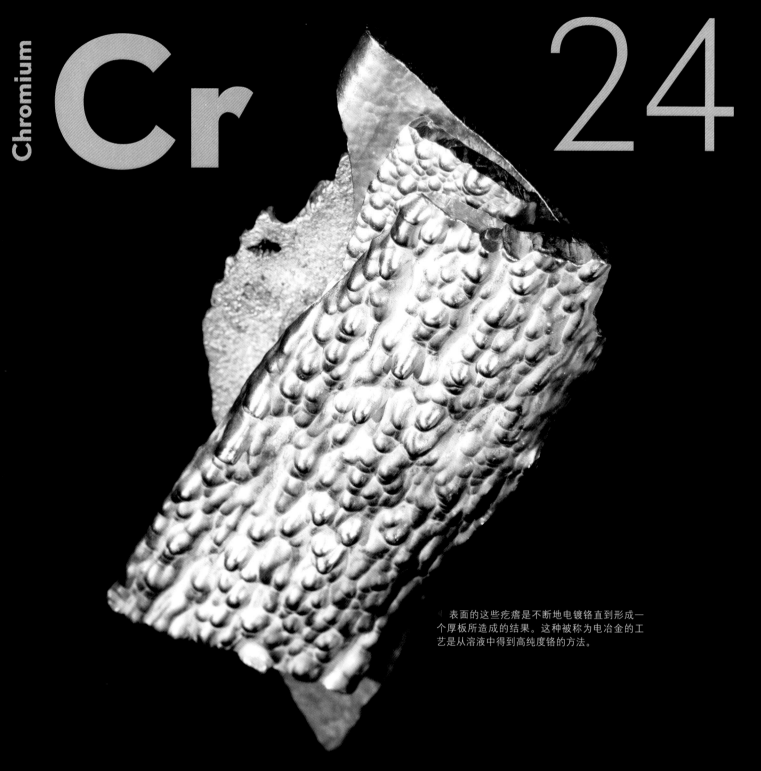

Cr

24

表面的这些疙瘩是不断地电镀铬直到形成一个厚板所造成的结果。这种被称为电冶金的工艺是从溶液中得到高纯度铬的方法。

铬

20世纪50年代至60年代，汽车工业进入了"铬阶段"，那时候所有的汽车都从头到尾用大量的能晃瞎人眼睛的铬来盛装打扮（准确而言，保险杠就是太多的铬所在之处）。这种类型的铬和我们在日常生活中所看到的几乎所有的纯铬一样，实际上是电镀在一层比较厚的镍（28）上的一层非常薄的金属铬，而镍则是电镀在铁（26）、锌（30）、黄铜甚至是塑料底板上的。

你通常所见到的这种元素的纯净形态是一个显微薄层，但与铁和镍形成合金时，铬就成了不锈钢的关键成分，在某些不锈钢合金中铬要占到重量的1/4。铬也经常和它的邻居钒（23）一起被用在铬钒钢中。当走进一家五金店后，不用费多少时间我们就能找到印有"Cr-V"标记的可调扳手、套筒扳手组合以及其他工具。

虽然具有非常好的发光性和抗腐蚀性，并且在很多方面都那么美丽，但在珠宝中不能用铬镀层取代银（47）的唯一原因就是铬实在太便宜了，以至于没人会把它当回事。用铬代替银的一个地方是"银餐具"，目前除了那些最为自命不凡的场合，我们所用的餐具都是用以铬为主要成分的不锈钢制成的。

因为在颜料中产生浓郁的绿色，铬为艺术家所看重，由于不言而喻的原因被称为氧化铬绿。（请不要把它与巴黎绿相混淆，后者是由第33号元素砷产生的。）

在数万年前的洞穴壁画中发现的第一批颜料中的一种颜料不是用铬而是用锰制造的。

▲ 在这个高纯度的溅射靶中可以看到铬的晶体结构。

◀ 铬钒钢套筒扳手骄傲地显示着它的化学成分。

▶ 没有一样东西是不能镀铬的。

▶ 在油漆和釉彩中氧化铬绿是普通的颜料。

▲ 用气相沉积法得到的超高纯度的铬晶体。

▶ 普通的不锈钢含有大约20%的铬。

元素周期表

原子量
51.9961
密度
7.140
原子半径
166pm
晶体结构

电子填充顺序
1s 2s 2p 3s 3p 4s 3d 4p 5s 4d 5p 6s 4f 5d 6p 7s 5f 6d 7p
原子发射光谱
物质状态

Mn 25

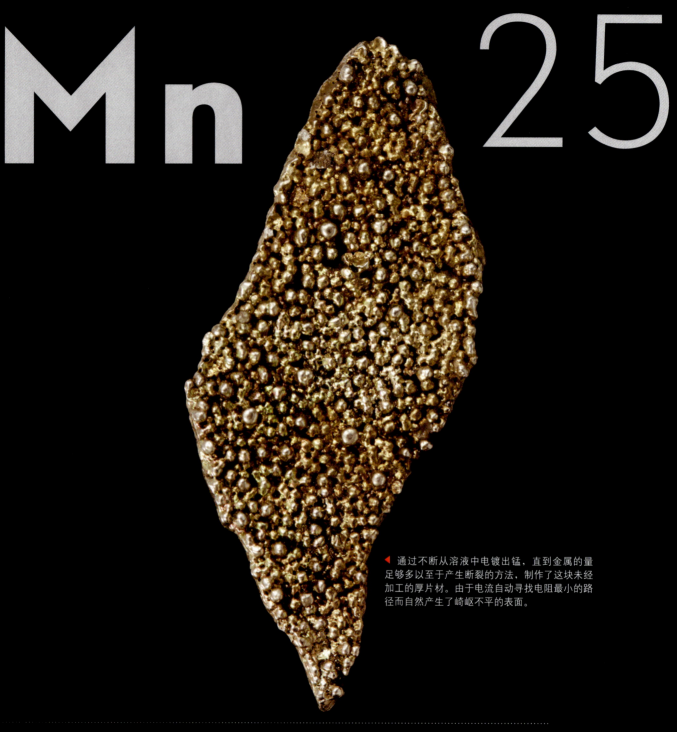

◀ 通过不断从溶液中电镀出锰，直到金属的量足够多以至于产生断裂的方法，制作了这块未经加工的厚片材。由于电流自动寻找电阻最小的路径而自然产生了崎岖不平的表面。

①Howard Hughes (1905—1976)，美国著名的航空家、工程师、实业家、电影制作人兼导演，当时世界上最富有的人之一。

锰

和红色的氧化铁一样，黑色的氧化锰也属于最早为人所知的颜料之一，它被发现于距今至少17000年的洞穴岩画中。而锰的历史中最为有趣的篇章则发生在现代。

20世纪70年代中期，曾经有过关于通过收集大洋深处的锰结核可能致富的非常令人兴奋的传说。那个古怪的亿万富翁霍华德·休斯[①]订造了一条名为休斯·格洛马勘探者号的特殊打捞船，掀起了一股打捞锰结核的热潮。他用这艘船探测夏威夷西北部的海床并在那里收获了大量锰结核。

但这整个事件完全是个骗局。休斯被美国中央情报局雇佣参加一个精心设计的冷战诡计。格洛马勘探者号的真实目的是打捞一艘沉没的苏联弹道导弹潜艇K-129。中央

情报局知道在海洋的那部分地区的任何深海勘探活动都会立即引起怀疑，除非是有这样一个范围如此深广、细节如此周详的密不透风的封面故事来掩盖真相，使得除了阴谋高手以外，无人会认为那只是一种掩饰。但事实就是如此。

的确，海床上有锰结核，但从来没有人从那上面搞到过任何钱，并且完全可能今后也不会有人能够搞到。中央情报局也没能得到他们的战利品：带有密码本的潜艇艇身部分在打捞过程中折断了，最终他们只得到一些鱼雷和六具苏联船员的尸体，那些尸体被以军人的荣誉葬于海底。

我想我们应该说明一下，锰实际上是非常有用的，它的主要用途是与我们的下一种元素——铁（26）形成合金。

▲ 这个青铜推杆中的锰并不比另外12个谋求加入高尔夫俱乐部的奇特元素能让你得到更高的得分。

▲ 这些古老的上釉瓷砖显示了氧化锰作为黑色颜料的用途。

▶ 锰钢由于其能产生锋利的边缘而著称，一如这把直型剃刀。

▼ 作者用这块华丽的菱锰矿石（碳酸锰）晶体从一个矿石商人手中换来了几百块比较小的矿石。

◀ 这块锰结核或许一文不值，但的确是来自深海。

元素周期表

原子量
54.938049
密度
7.470
原子半径
161pm
晶体结构

7s 7p
6s 6p 6d
5s 5p 5d 5f
4s 4p 4d 4f
3s 3p 3d
2s 2p
1s

电子填充顺序

原子发射光谱

物质状态

5500
5000
4500
4000
3500
3000
2500
2000
1500
1000
500
0

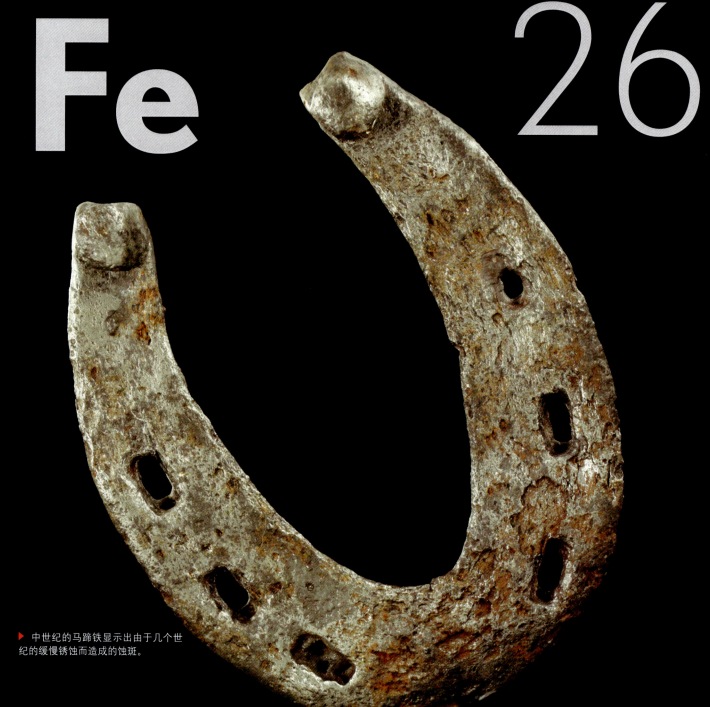

▶ 中世纪的马蹄铁显示出由于几个世纪的缓慢锈蚀而造成的蚀斑。

铁

铁是唯一用它的名字命名一个时代的元素（另外两个时代是石器时代和青铜器时代，这二者中的一个是由各类化合物组成的多种多样的混合物，另一个则是合金）。铁完全应该得到这份荣誉。如果我们要用制造工具的基本材料来命名一个时代，铁绝对是无可匹敌的。你可以证明我们在很大程度上依然处于铁器时代。

当人们描述哪些金属，诸如铝（13）和钛（22），更轻、更坚固或具有更强的抗腐蚀性时，他们总是拿它们与一样东西，就是铁来作比较，因为时至今日以钢的形式出现的铁仍旧是最重要的工业金属。每当紧要关头，当你要建造某种真正巨大的或者真正坚固的东西时，铁就是我们选用的材料（一个例外是，当你制造的东西是要飞翔的时候，对于重量的考虑使得争论倾向于使用更贵但更轻的金属）。

铁容易生锈这一事实是化学的许多坏名声之一，要对每年数十亿计的花销负责。但铁令人喜爱之处是它那极低的总成本以及它能够形成各种各样合金的能力。这些合金的范围之广令人惊异，它们的性质能够细致地加以调节，从超高硬度到极大的抗张强度，再到高振动衰减性。铁能够方便地进行焊接、铸造、机械加工、锻造、冷加工、回火、淬火、退火、拉制等工艺处理，一般能够形成其他金属难以形成的造型并具有难得的韧性，这些都是其他任何金属无法与之匹敌的。

作为一种金属，铁是如此重要，以至于铁离子对于许多生命形态都是性命攸关的这一事实很容易被遗忘，诸如位于血红蛋白的核心并负责我们血液中的氧气输送的那些铁离子。因此，铁是人体中最关键的微量成分之一。

在一些重要的酶的核心常常可以发现金属离子。对血红蛋白而言是铁，而对植物中非常相似的叶绿素分子而言则是镁（12），在蜘蛛和鲨的蓝色血液中是铜（29）。而在维生素 B_{12} 的中心位置的则是钴。

▶ 铁与工具可说是同义词，但并非所有工具都像这个中国奇迹这么令人难以置信。

◀ 与现代磁铁相比较，普通 U 形磁铁的磁性要弱得多。

▼ 推销员推销的铸铁火炉的可爱样品，是用真的铸铁制造的。

◀ 屠夫使用的不锈钢链甲手套。

▲ 将游客拉上圣路易市大拱门的钢索的一个部分。

▲ 高速钢铣刀钻头。

元素周期表

原子量
55.845
密度
7.874
原子半径
156pm
晶体结构

电子填充顺序
1s 2s 2p 3s 3p 3d 4s 4p 4d 4f 5s 5p 5d 5f 6s 6p 6d 7s 7p
原子发射光谱
物质状态

▶ 这个直径为2.5英寸的铁球是霰弹炮一次装填的许多
铁球中的一个，它在美国内战期间从一门大炮中发射并
于一个世纪后在宾夕法尼亚州的一片树林中被发现。

▲ 铁制的硬币具有一个明显的问题：它们会生锈。

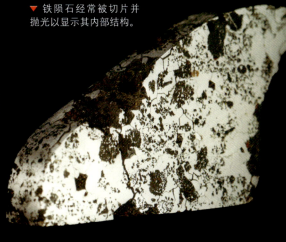

▼ 铁陨石经常被切片并抛光以显示其内部结构。

▲ 用于拧4英寸螺母的巨大的铁制扳手。

▲ 以50磅砝码形式存在的50磅铁。

GENUINE
TRADE MARK
HOLD FAST
NAILS
CHAS. F. BAKER & CO.

▲ 手工制作的铁钉曾经如此珍贵，以至于人们会从被火烧毁的建筑物中将它们仔细地回收，然而大规模的生产使得铁钉变得便宜且无处不在。

▶ 这个鹦鹉螺化石的主要成分是黄铁矿（硫化亚铁，因常被误认为是黄金，故又称为"愚人金"），那种金色完全是天然的。

▶ 铸铁炊具笨重但牢固。

Co 27

▶ 一个纽扣状的钴块，它是通过连续
电镀法制得的。

钴

钴是一个好几年来弄得我的神经很紧张的元素，我不能肯定这种情绪究竟有多普遍。在我的意识中，钴主要是与核微尘污染联系在一起的，毫无疑问其他很多人也这么想。但那只是钴的一种特定的同位素钴-60。虽然这种同位素的确是高放射性的，并且它是20世纪50年代大气层核试验产生的放射性尘埃中的致命成分，但普通的钴是完全没有放射性的。

实际上，钴是一种很普通的金属，其外表与镍（28）相似，并且与在周期表中这个邻近区域的其他元素一样，被用作钢合金的组分。钴钢是最硬、最坚韧的合金之一，用于制作钻头和铣刀刀头。

玻璃饰品爱好者知道钴玻璃的那种深蓝色，钴玻璃可用来制造从瓶子到绝缘子的许多器皿。（不知道出于什么原因，有人热心地收集老式电话线、电源线以及铁路信号机上的玻璃绝缘子，并在eBay上开出了令人乍舌的高价。）

这种蓝色源自添加到玻璃中的痕量钴化合物，有着比廉价玻璃和溢价的古老玻璃绝缘子更为重要的用途。当用光谱仪进行测量的时候，如果出现强烈的钠（11）原子黄色发射谱线的干扰，可以用钴蓝滤光片将其过滤掉，而其他颜色的光却不受影响。

钴和它的邻居镍在化学性质上很相似，但镍具有高得多的社会属性，主要是由于它频繁出现在美国人口袋中的缘故。

◀ 钴玻璃电话线绝缘子。

▲ 钴电解沉积后形成的结核。

▲ 氧化钴铝作为一种重要的颜料已有几个世纪的历史了。

▶ 钴钢广泛用于铣刀刀头。

▲ 罕见的浅蓝色钴蓝玻璃绝缘子。

元素周期表

原子量
58.9332
密度
8.9
原子半径
152pm
晶体结构

▶ 电解沉积的镍板被切成正方形厚块,
用作电镀生产线的阳极。

镍

镍广泛用于硬币中，这一点可以通过以下事实来体现：有一种美国硬币就叫做"镍角子"。无需任何条件，单词"镍"就同时被赋予了元素和币值的含义。这个信息我不收一个镍角子就告诉你。

在日常生活中到处可以看到纯镍。它被镀在铁（26）上来防锈，被镀在黄铜制品上使原来的黄色变成无色。巨大数量的镍用来镀在汽车的保险杠上。由于它的高价值，在把这种金属运出来用在保险杠上之前，是储存在专门的有武装警卫保护的仓库中的。（每一根保险杠上需要电镀大约1磅镍，价值为5~25美元，这是由于镍的市场价格波动很大。）

有时但并非总是如此，镍涂层上面还会覆盖一层薄薄的铬（24）。在许多注重实用的用途中只用朴素的镍镀层，因为那层铬只是提供比镍更光亮以及更完美的镜面闪光的外表，防锈功能还是完全是由镍镀层提供的。

镍也是不锈钢的成分之一，更为异乎寻常的是，它还是喷气发动机的镍钢超合金的关键组成部分。这些超合金即使在极高的温度下——例如在喷气发动机的排气通道中——也能保持高强度。因为重量更轻，钛能够（并且也的确）用在发动机的冷却器部件中；但当涉及真正可怕的工作时，镍钢超合金就成为当选的金属。

美国镍币实际上只含大约25%的镍，其余的是铜。铜是历史上所有金属中最受欢迎的铸币金属。

▶ 电镀挂具绝缘断裂的地方会生长出像这样的镍铬结核。对电镀工业而言它们是一种美丽的麻烦。

◀ 镍镉电池正被锂电池取代。

◀ 用哈斯特洛伊耐蚀镍基合金制造的化学混合螺旋桨。

▶ 儿童游戏室中古老的镀镍天平。

▶ 通过适当的电镀，镀镍手铐展现出了这种金属的美丽。

元素周期表

原子量
58.6934
密度
8.908
原子半径
149pm
晶体结构

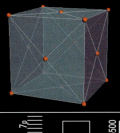

电子填充顺序
1s 2s 2p 3s 3p 3d 4s 4p 4d 4f 5s 5p 5d 5f 6s 6p 6d 7s 7p

原子发射光谱

物质状态

500 1000 1500 2000 2500 3000 3500 4000 4500 5000 5500

Cu 29

▲ 用铜电线制作的半波斯风格的
四合一编织链。

铜

铜是一种美妙的东西，真的是妙不可言。很多其他元素都会有些可能让你上当的缺陷：可能它们在许多方面都表现良好但就是有毒，或者它们看起来很完美但一遇水就会爆炸。铜没有这些缺陷——它就是那么一种各方面都很美好的东西。

铜能产生毒性，但需要特殊的努力——服食大量的硫酸铜，或是日常食用长期储存于铜容器中的酸性食品。长期与铜接触很少会导致伤害。实际上，铜所具有的杀菌特性使它被用在医院的门把手上或其他可能传播疾病的表面上（但关于铜手镯具有神秘的康复功能的说法当然是无稽之谈）。

铜足够柔软，能用手工工具或小型电动工具进行加工，但又足够硬，能制造成非常有用的东西，尤其是当它与锡（50）或锌（30）分别形成青铜和黄铜的时候。你甚至可能在世界上的一些地方发现以天然金属形态存在的铜，这使它成为第一批有用的金属之一（因此，我认为"青铜器时代"听起来比"铜合金时代"更响亮）。

铜是唯一被合理评价为不存在丝毫灰色的金属，只需想象一下子就发现，这将是一个多么非凡的事实。在所有金属元素中每一个都或多或少地带有银灰色的阴影，除了铯（55）、金（79）和铜。不出意料，从古代起铜就用来制作珠宝，它唯一真实存在的缺点就是会慢慢地失去光泽，黄金能永远保持光亮，但价格是它的6000倍（而铯作为金属用于制作珠宝的主要缺点是当与皮肤接触时它会爆炸）。

不为古人所知的是，铜还有另一个美妙的属性：金属中第二高的导电性。巨量的铜被用来生产电线，使得它在现代与在青铜器时代一样至关重要。

虽然不及铜漂亮，但下一种元素锌在我的心中永远占有特殊的位置。

▶ 黄铜是一种铜合金，从古代到现代一直被用于珠宝业。

▲ 作者用纯铜铸造的一张迷你元素周期表小桌子。

▶ 铜匠用铜片手工制造杯子和水罐。

▶ 这个手工打制的纯铜球纯粹是装饰性的。

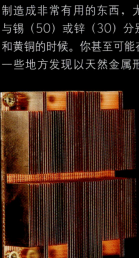

◀ 用于中央处理器芯片的纯铜散热器。

▶ 青铜在全世界被用于制作艺术品和塑像。这个便宜的中国小装饰品是用沉重的青铜制作的。

元素周期表

原子量
63.546
密度
8.920
原子半径
145pm
晶体结构

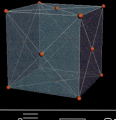

电子填充顺序 7s 7p
6d
5f
6s 6p
5d
4f
5s 5p
4d
4s 4p
3s 3p
3d
1s 2s 2p

原子发射光谱

物质状态

5500
5000
4500
4000
3500
3000
2500
2000
1500
1000
500
0
-273.15

铜
29

▲ 电沉积形成的铜结核。

▲ 铜制的大号日本纪念章。

◀ 这是百慕大群岛发行的硬币，它的图案是一只猪，这充分体现了这种动物对该岛国的重要性。

◀ 粗得足够传输400安培电流的铜电缆。

◀ 由于废铜的高价值，铜管是横扫废弃建筑物的贼的共同目标。

◀ 铜耳环：由于某些人对铜过敏，耳环的挂圈可能是个问题。

▼ 铜一直很贵，有些人出于投资的目的购买铜锭。

锌保护性阳极用于保护
铁储罐、铁轨以及船壳免
于生锈。由于锌比铁容易
氧化，它会先被腐蚀掉。

锌

元素周期表

原子量
65.409
密度
7.140
原子半径
142pm
晶体结构

　　古人学会铸造的第一种金属可能是铅（82）或者可能是被称为青铜的铜（29）合金。但我学会铸造的第一种金属则是锌。在近代历史中对一个儿童而言更为普通的是从铅或锡（50）开始学习铸造：那是制作"锡兵"的原料（直至它们都转用塑料制造之前）。在我父亲和祖父的年轻时代，在家铸造锡兵是一个非常普遍的业余爱好。

　　但我到得太迟了，我能找到的唯一熔点低到能在厨房的灶台上熔化的金属就是锌了（得自废弃的屋顶遮雨板，后来自1983年起则得自分币）。作为一种铸造性好，不易生锈，易回收的金属，锌的用途相当广泛，也很实用。实际上，许多价格便宜，所需机械强度不高的部件，如仪表、汽车零件外壳等都是用以锌为主要成分的合金制造的。

　　现在的分币主要用锌而不是铜来制造的原因非常简单：美分的价值不断下跌，以至于一个分币中所含的铜的价值超过了一美分，这显然是一种完全不能维持的状况。最近，大约是在2008年，轮到一个分币中所含锌的价值可能超过一美分的威胁临近了，从而促触发了将锌改为铝——低价值硬币的最后避难所——的严肃讨论。（当然，更好的解决方法是彻底废除美分。）

　　廉价的锌基合金或许不受人尊重，但如果想想锌被用作保护性阳极时所受的屈辱，或许要好过些。这些纯锌的块或板被电气性地连接在钢铁结构上，例如桥梁、铁轨以及大轮船的外壳。锌的任务就是缓慢地使自己溶解直至无影无踪，它的牺牲所产生的微小电势保护了价值更高的铁（26）免于生锈。当阳极牺牲了它必须牺牲的一切后，一个新的阳极便贸贸然地接替了它的位置。

　　继续向右移，那里的镓是一个有趣得多的元素！（抱歉，即使是在一本介绍元素的书里，锌依然得不到很多尊重。）

▲ 将1982年后发行的一美分硬币剖开就会发现其内部是用锌制造的。

▲ 普通的家庭用螺栓几乎都是镀锌的。

▲ 本书作者的时髦消遣：一块用于早期电池的乌爪锌。

◀ 菱锌矿（碳酸锌）矿石。

◀ 作者在童年时制作的未加工的锌铸件。

▲ 请注意这些锌空气助听器电池上的气孔。

电子填充顺序　原子发射光谱　物质状态

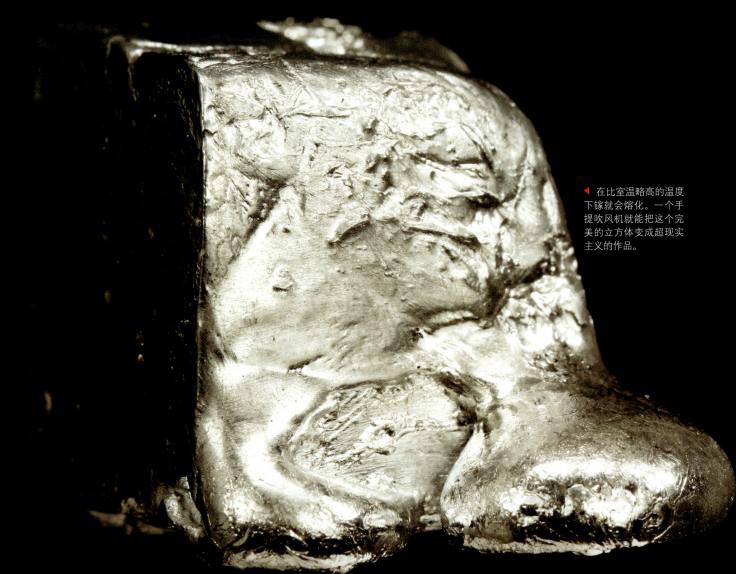

◀ 在比室温略高的温度下镓就会熔化。一个手提吹风机就能把这个完美的立方体变成超现实主义的作品。

镓

一般认为汞（80）是在常温下唯一呈液态的元素，但这实际上是气候学上的一种偏见。在世界上更为酷热的、空调更少的地区，镓和铯（55）也应该被列入那个名单：它们分别会在29.76℃和28.44℃那样让人感到舒适的温度下熔化。

甚至在阿拉斯加，镓也会在你的手心熔化——那是多么不同寻常的体验啊，虽然你不愿意去重复这样的体验：镓虽然没有已知的毒性，但它会将皮肤染成深棕色，因此，最好把镓放在塑料袋里。

镓的低熔点在一种称为Galinstan的专利合金中得到了实际应用。Galinstan名字来自镓(gallium)、铟(indium)（49）和锡（50）(拉丁名字是stannum)的第一个音节。这种合金在-19℃那样低的温度下还是液体。如果你今天买了一支看上去像是水银体温表的温度计，它最可能含的是Galinstan，因为汞被禁止用于这种用途已经很多年了。

但镓最重要的现代用途是半导体晶体。（在称为准金属元素的对角线上或附近的大多数元素都是半导体。）硅半导体在数千兆赫就停止工作了，但砷化镓电路在频率高达250 000兆赫时仍能运作，这已经是微波频率范围的上限了。

镓的身影也以砷化镓、氮化镓、氮化铟镓、氮化铝镓以及众多的其他形态出现在几乎所有的发光二极管中。

但与硅（14）在半导体中的基本的、普遍的应用以及它们共同的邻居锗的历史性作用相比，镓在半导体中的应用还是显得苍白了些。

▶ 在晶圆上的砷化镓计算机芯片。

▶ Galinstan合金体温表。

▲ 虽然不是主要含镓的矿石，但矾土矿石含有镓这种元素的杂质并且是它的主要商业来源。

▶ 高纯度的镓注定被用于计算机芯片中。

Semiconductor Grade Gallium
99.9999+%

◀ 工作中的Blu-ray®氮化镓激光二极管。

原子量
69.723
密度
5.904
原子半径
136pm
晶体结构

电子填充顺序
1s|2s|3s 2p|3p 4s|3d 4p|5s|4d 5p|6s 4f 5d|6p 7s 7p 6d

原子发射光谱

物质状态

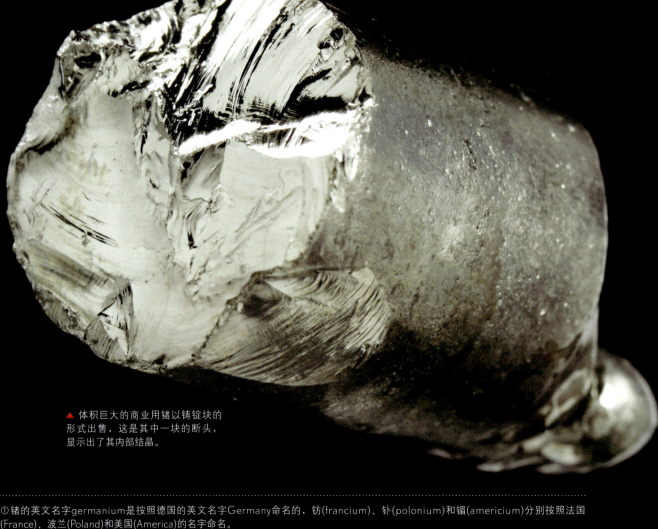

▲ 体积巨大的商业用锗以铸锭块的
  形式出售，这是其中一块的断头，
  显示出了其内部结晶。

①锗的英文名字germanium是按照德国的英文名字Germany命名的，钫(francium)、钋(polonium)和镅(americium)分别按照法国(France)、波兰(Poland)和美国(America)的名字命名。
②Dmitri Invanovich Mendeleev (1834—1907)：俄国化学家，他经过20年的努力，在1869年创制了世界上第一个元素周期表。第

锗

"锗"承载着一个现代国家的英文名字[1]，并且是这一类元素中唯一稳定并且普通的元素。所有其他的这类元素——钫（87）、钋（84）和镅（95）——都是放射性元素，其发现都要迟得多，并且在自然界中它们的存量都达不到任何可观的程度。在为一个国家争取元素名称的竞争中，胜利只会给予该元素的第一个发现者。

当德米特里·门捷列夫[2]在1869年创制第一个化学元素的系统排列（它最终成为现代元素周期表）的时候，曾勇敢地在他认为必定存在而当时还未发现的元素的地方留下了空格。在大约20年后，发现了性质与门捷列夫的预言几乎完全符合的锗，填补了那些空格中的一个，这为他的元素周期表确立为在任何时代都是最重要的科学发明之一提供了帮助。

锗的重要性同样也延伸到科技史：第一代二极管和三极管并非用硅制造，而是用半导体锗制造的。虽然硅晶体管在某些方面比锗优越，但只有在材料的纯度非常高的时候才能工作。在作为半导体时代的黎明的20世纪中叶，锗晶体管在当时可得到的低纯度水平下发挥着作用。

现在，锗依然用于特殊的半导体用途，但目前它主要用在光学纤维和红外光学器件中。在这些应用中，用锗制成的透镜对人眼完全不透明，但对不可见的红外线则是透明的。就像许多别的令人惊奇的古怪主意一样，在日本流行将锗用于浴盐以达到治疗的目的。

同样令人惊奇的还有，砷在作为臭名昭著的毒药的同时还能有益于健康——虽然是对鸡而非对人。

◀ 古老的锗二极管。

▲ 锗对可见光是不透明的，但对红外光是透明的，因此这个透镜虽然看上去完全不透明，但却是有用的。

▼ 冷却时，熔化的锗会在表面形成结晶。

◀ 高纯度的锗晶体块。

▶ 产自日本的含锗的节食营养补充品和浴盐在很大程度上完全是愚蠢的。

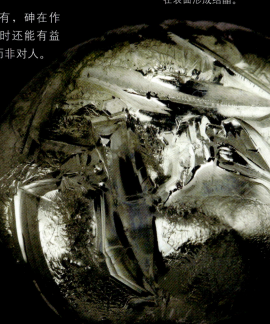

原子量
72.64
密度
5.323
原子半径
125pm
晶体结构

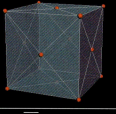

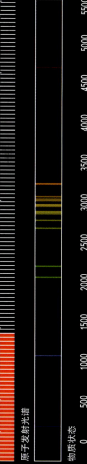

电子填充顺序

原子发射光谱

物质状态

85

①William Morris（1843—1896），英国诗人、艺术家、设计师。

砷

巴黎绿，又称为乙酰亚砷酸铜，是极少的几种既能用作美术颜料又能用作耗子药的化学品之一。

考虑到砷与毒药之间的联系是如此之强，它被有意地添加到那些喂养来供人食用的鸡的饲料中就非常令人吃惊了。原来有机砷化合物的毒性要小于纯砷，并且实际上会促进鸡的生长。有证据表明浓度极低的砷对鸡的最佳健康状态而言也许是必要的，甚至对人也可能是这样。（但是，实际上不会使任何人感到惊讶的是，在某些条件下鸡饲料中的砷会最终转化为它那有毒的无机形态。一般说来，如果一个主意听上去像有意给鸡喂砷那么蠢的话，它大概就是那么蠢。）

另一个听起来愚蠢，其结果同样愚蠢的主意是，把砷用作颜料。巴黎绿又称为翠绿，在19世纪广受欢迎。作为维多利亚英格兰时代的伟大的审美仲裁者，威廉·莫里斯[①]亲自倡导将这种颜料用于墙纸来代替新奇的合成颜料。麻烦的是在英国那潮湿的冬天里，墙纸上生长的霉菌会将砷转化为气态，造成住在屋子里的人生病甚至死亡。墙纸越绿，冬天越潮湿，得的病就越重。关于潮湿冬天不利于健康的普遍认识会不会就是起源于那些绿色的墙纸？往好处说，当天气持续干燥几个月，人们就感觉好得多了！但这究竟是由于令人愉悦的天气

▲ 装满纯金属砷颗粒的玻璃安瓿。

还是因为不再呼吸砷蒸气所致的呢？由于没有意识到后一种可能性，那时的人们自然而然地将其归因于前者。除此以外，谁又会与一位命令你在海滩消磨一个月时光的医生争论呢？

虽然极低浓度的砷是否是一种必要的营养素依然是一个没有定论的问题，但下一种元素由于既是营养素又是毒药的双重特性而广为人知。

▲ 巴黎绿，又称乙酰亚砷酸铜，作为颜料和毒药同样有用。

▶ 木材防腐剂铜铬砷在某些国家已被禁用，但用这种药剂处理过的木头依然到处可见。

◀ 为什么有些人会带着一小罐砷？我无法理解。

▼ 这个砷化镓微波放大器看起来就像一座城市。

▶ 雄黄(As_4S_4)和雌黄(As_2S_3)的一种混合物。

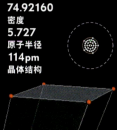

Se

34

一块破碎的纯硒晶体。

硒

少量的硒是一种必要的营养素，但大量的硒就有毒了。相当多的物质都是这样，但却偏偏与硒特别紧密地相关联，这是由于不论是人、动物还是植物都会由于硒太多或太少而遭罪（克山病就是因为缺硒引起的），这取决于它们所生活地区的土壤中硒的浓度。

某些植物，尤其是迷魂草，似乎比其他大多数植物需要更多的硒，大量生长的迷魂草提示土壤中硒含量很高，对家畜具有潜在的危险（危险同时来自硒以及迷魂草自身产生的一种与硒无关的神经毒素）。

抛开那些发疯的家畜不谈，现代对硒的主要兴趣与它对光的反应有关。静电印刷复印机和激光打印机都带有一个涂有硒的圆柱体，在暗处它是绝缘体，暴露在光下则成为导体。静电荷均匀地分布在圆柱体上面，然后暴露在影像之下。在影像的明亮处，涂层变得具有导电性，静电荷被排放出来。在影像的暗处，静电荷保持不动。然后在硒鼓上撒一层非常细的黑色粉末，这种粉末只粘附在有静电荷的地方，从而形成了原始影像的黑色粉末的拷贝。纸张卷过圆柱体并粘上粉末，然后热的滚筒将粉末加热熔化后凝固在纸上。的确，这听上去过于烦琐了，并且静电复印机究竟如何工作的确是一件令人吃惊的事情。在发明硒鼓之前，这根本行不通。

硒曝光表对任何严肃的摄影师来说都曾经是一种必需的工具，但数码相机的崛起已经大体上使独立的曝光表变得不再必需。一台数码相机实际上是通过数百万个单个的曝光表（像素）展示其各自的结果并以之构成一幅影像的。较之任何单独的曝光表读数，影像本身是对我们是否获得正确的照明的远为综合的评估。

从硒再往前移，我们与卤素重逢了：那是以一种勉强的液态存在的溴。

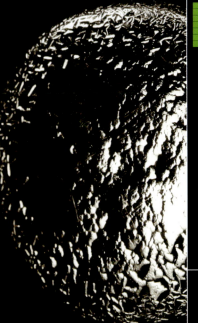

▲ 硒釉为这个花瓶增添红的色彩。

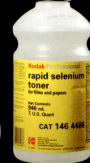

▼ 硒整流器（整流二极管）在年代上早于硅和锗的同类产品，并且要巨大得多。

▲ 硒在模子中冷却后形成的有趣的表面。

◀ 硫化硒药用洗发精。

◀ 硒是许多曾被用来赋予照片色调或色彩的化学品之一。

▲ 巴西坚果由于含硒量高而广为人知。

▼ 硒光电管广泛用于摄影师的曝光表。

原子量
78.96
密度
4.819
原子半径
103pm
晶体结构

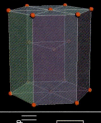

电子填充顺序
1s 2s 2p 3s 3p 3d 4s 4p 4d 4f 5s 5p 5d 5f 6s 6p 6d 7s 7p

原子发射光谱

物质状态

500 1000 1500 2000 2500 3000 3500 4000 4500 5000 5500

Br

35

▲ 溴在室温下是液态，但会很快蒸发成为深紫红色气体。

溴

严格地说，有两种稳定元素在常温下是液态：汞（80）和溴。汞是立场坚定的液体——在−38.8℃熔化，在357℃的高温下才沸腾，而溴的沸点只有59℃，这意味着它只有在令人舒适的温度下才能勉强保持液态。它非常容易沸腾，一小盅溴在室温下不到一分钟就会蒸发成一片由紫红色蒸气构成的云。（顺便说一句，汞也会蒸发——这是它成为如此阴险的毒药的原因之一。）

和其他卤素一样，溴几乎都以离子形态存在，无论是在离子盐中，或者运气好的话，懒洋洋地呆在热水浴缸里。氯是冷水游泳池的特选消毒剂，而溴盐在热水浴缸里更有效。

当不呆在热水浴缸里的时候，溴有时会和儿童睡在一起。且慢，那不是你想的那样。有机溴化物，尤其是四溴双酚A，法律规定可以添加到儿童的合成纤维睡衣中作为阻燃剂。虽然有人对这种化学品的安全性提出质疑，但燃烧并熔化的聚酯从烧焦的儿童尸体上滴落的景象会平息那些批评。（另一种选择是舒适贴身的棉质睡衣，因为棉花不易燃烧，所以不需要添加阻燃剂，并且当衣服舒适贴身时，空气就很难到达各处并维持燃烧。）

卤素会因为是化学转化的积极参与者而经常置身于困境中，而氩则不会。

◀ 柑橘味汽水通常使用溴化的植物油作为乳化剂：恰好足够多的溴加成到植物油分子中以增加其密度，从而使之与水的密度相匹配，使得油能够保持悬浮状态而不会浮起来形成分开的液层。

◀ 溴银矿矿石，Ag(IBr)，产自德国德恩巴赫的Schöne Aussicht矿区。

▼ 用来保持热水浴缸清洁的溴化钠药片。

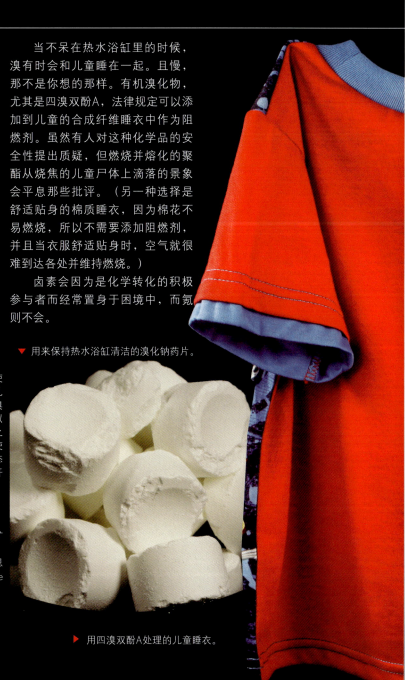

▶ 用四溴双酚A处理的儿童睡衣。

元素周期表

原子量
79.904
密度
3.120
原子半径
94pm
晶体结构

电子填充顺序　1s 2s 2p 3s 3p 3d 4s 4p 4d 4f 5s 5p 5d 5f 6s 6p 6d 7s 7p
原子发射光谱
物质状态

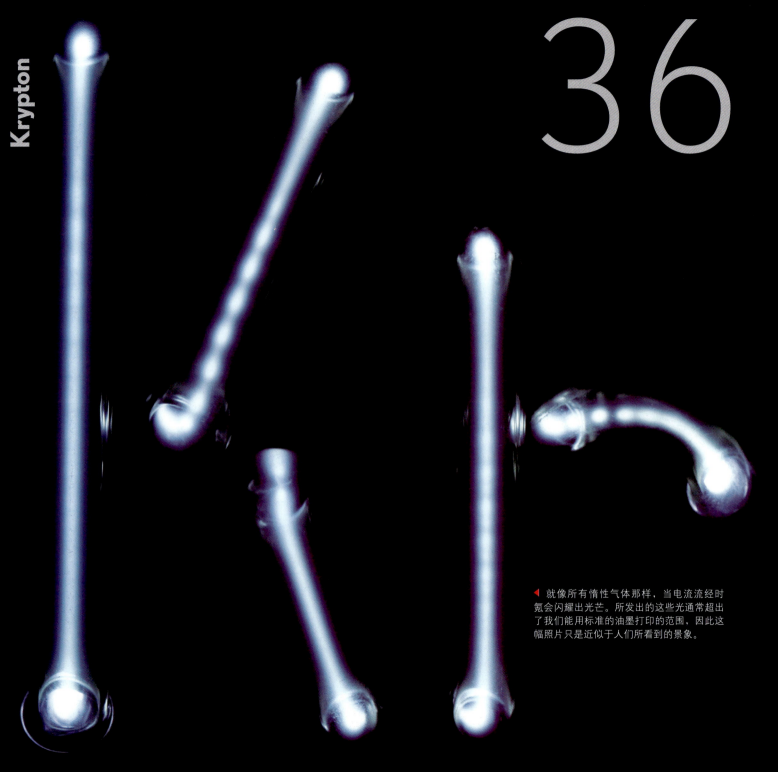

◀ 就像所有惰性气体那样，当电流流经时氪会闪耀出光芒。所发出的这些光通常超出了我们能用标准的油墨打印的范围，因此这幅照片只是近似于人们所看到的景象。

氪

像其他惰性气体一样，氪坚决拒绝参与化学的主要事务：成键。这一族元素的顽固惰性使得当我们想要保护某个东西免受这个世界的其余部分侵犯时，惰性气体都是一种方便的选择。

氪可应用在高效灯泡中。比较廉价的白炽灯泡通常用氩（18）和/或氮（7）填充，但氪的分子量更高，可以降低钨（74）灯丝的蒸发，使它能在更高的温度下工作更长时间，这时更大部分的电能被转化为可见光而不是热。（但别被愚弄，即使是最高效的白炽灯泡依然需要用比紧凑型荧光灯大数倍的电流来产生同样多的光。）

氪与氖（10）一样，它的开发利用价值也在于它在放电激活时发出的光谱发射线。氖闪烁出它独有的橘红色光，而氪则闪烁青白色光，这使得它可用于闪光灯或渗透入彩虹的其他颜色中。

氪的特有光谱线之一在1960年到1983年间具有特殊的重要性。在那一时期，关于1米的官方定义是"氪-86原子在真空中的电磁波谱的橘红色放射线波长的1 650 763.73倍"。（在1983年这一定义被至今仍有效的如下定义取代：1米的长度是光在真空中在1/299 792 458 秒的时间间隔内所经过的路程的长度。）

虽然长度曾经一度用氪来定

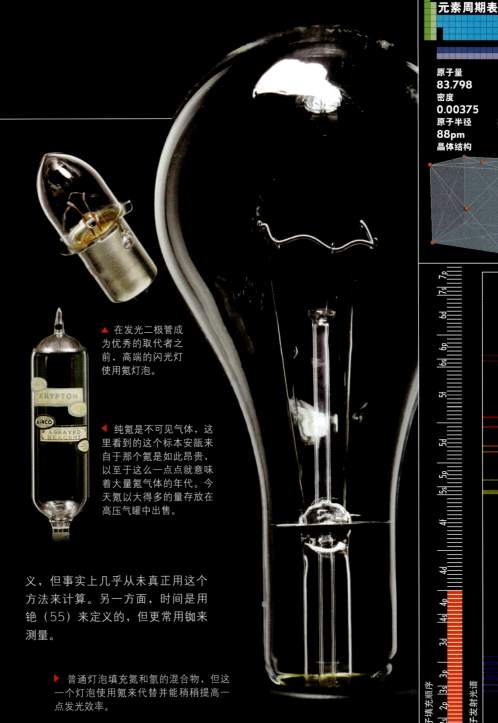

▲ 在发光二极管成为优秀的取代者之前，高端的闪光灯使用氪灯泡。

◀ 纯氪是不可见气体，这里看到的这个标本安瓿来自于那个氪是如此昂贵，以至于这么一点点就意味着大量氪气体的年代。今天氪以大得多的量存放在高压气罐中出售。

义，但事实上几乎从未真正用这个方法来计算。另一方面，时间是用铯（55）来定义的，但更常用铷来测量。

▶ 普通灯泡填充氮和氩的混合物，但这一个灯泡使用氪来代替并能稍稍提高一点发光效率。

元素周期表

原子量
83.798
密度
0.00375
原子半径
88pm
晶体结构

电子填充顺序
1s 2s 2p 3s 3p 4s 3d 4p 5s 4d 5p 6s 4f 5d 6p 7s 5f 6d 7p

原子发射光谱

物质状态

Rb

37

铷

元素周期表

原子量
85.4678
密度
1.532
原子半径
265pm
晶体结构

除了二者的名字都来自于拉丁语中红色这个单词以外，铷与红宝石没有关系[①]。红宝石中的红色来自铬（24）杂质，而非铷。铷的名字来源于以下事实：像许多元素一样，它最初是由于火焰的发射光谱中一条无法解释的谱线而被发现，这种谱线当然具有红光的性质。铷自身则完全不是红色的，它是一种熔点很低的、柔软的、银色的金属。

铷实在没有什么真正的用途。与它同名的光谱线算是一个，即用来在一些焰火中产生紫色。它的另一个用途则主要围绕着铷具有高蒸气压这一事实。

在铷计时钟里，一个含有小到勉强看得见的铷的小小的（从豌豆大小到指尖大小）密封玻璃安瓿被安装在一个由加热线圈和微波线圈构成的组合件中。加热器使铷蒸发并保持稳定的温度，而微波线圈则用于测量在主光谱线中特定超精细跃迁的精确频率。

铷原子钟不如著名的在几十年间被用作最终时间标准的铯（55）原子钟那么精确，但通过合理的测量，它依旧非常精确。同时它在整体上也比铯原子钟小得多且廉价得多，这使得在需要非常精确的时间和频率标准的地方，铷时间标准变得极其常用。

"原子钟"一词听上去可能很危险，但实际上它们更像精确调谐的无线电收音机而不是原子弹。锶就像铷和钴（27）一样，是另一种被不公平地与放射性尘埃硬拉在一起的元素。

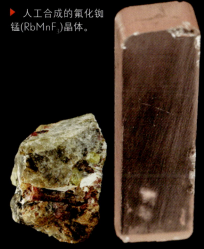

► 人工合成的氟化铷锰（$RbMnF_3$）晶体。

▲ 来自马达加斯加安齐拉贝的安坦德洛孔贝的硼锂铍矿系列的矿石（Cs,K,Rb）$Al_4Be_4(B,Be)_{12}O_{28}$。

▲ 一台宽度不到1英寸的完整的铷时钟单元，包含一个铷蒸气小室、加热线圈以及信号发射和接收天线。

◄ 一个含有1克高反应活性的铷金属的安瓿。如果将其打破，它会快速着火燃烧。

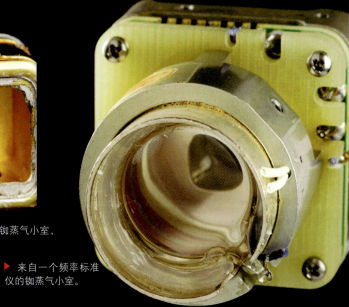

► 来自一个频率标准仪的铷蒸气小室。

电子填充顺序
1s 2s 2p 3s 3p 3d 4s 4p 4d 4f 5s 5p 5d 5f 6s 6p 6d 7s 7p

原子发射光谱

物质状态

500 1000 1500 2000 2500 3000 3500 4000 4500 5000 5500

Sr

38

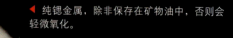 纯锶金属，除非保存在矿物油中，否则会轻微氧化。

锶

作为核放射尘埃组分之一的锶同位素锶-90是锶家族中的一匹害群之马，这种元素的名声就是被它很不公平地败坏了。普通的锶完全没有放射性，根本不该被指责与原子弹这种令人不快的东西有任何关系。

由于锶与其他方面的关联极少，以至于它与原子弹之间的关系已经深入了公众的意识中。而那些少数的与其他方面有关联的东西之一是发光漆，由于某些种类的此项产品具有放射性，对改善锶的名声很可能也没什么帮助。在这一点上，由于受株连而被认为有罪，锶的名誉再一次不公正地受到玷污。含有铝酸锶的极其明亮的现代发光漆的确能够在暗处发光，但其发光不是像镭发光漆那样来自放射性衰变，而是源自它能从周围环境中高效率地吸收光，然后在若干分钟甚至若干小时内缓慢地把光释放出来。

广泛使用的铝硅铸造合金具有脆性问题，这一问题可以通过加入少量的锶得到解决。事情往往就是这样，对于专业制造商来说，在一批合金中添加少量的某种奇特元素最为方便的做法是制造该种元素的含量百分比要高得多的"母合金"。终端用户只需将一定量的这种母合金熔入他的熔炉中而不需要处理那种陌生的元素。对像我这样的元素收藏家而言，令人沮丧的后果就是购买含量为10%~20%的锶铝合金要比购买本身是一种完全无用的产品的纯锶要容易得多。

在一个完全不同的记载中，含锶的药丸曾经像维生素那样广泛出售并据说能够促进骨骼生长。由于在化学上与它的邻居钙元素（20）具有相似性，锶确实是亲骨的（这是锶-90核放射尘埃非常危险的原因之一）。某些锶化合物似乎显示它们也许能促进骨生长的证据，但在保健品商店中出售的那些产品是否有这种效果还不清楚，并且也没有得到证明。

另一方面，所宣称的关于钇的益处则完全是胡说八道。

▲ 在立方氧化锆被开发之前，钛酸锶被用于制作仿钻。

▲ 天青石（硫酸锶）矿石的标本。

▶ 这支牙膏中的活性成分是乙酸锶。

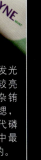

◀ 这些发光粉中比较亮的是掺杂铕的铝酸锶，它是现代磷光材料中最为明亮的。

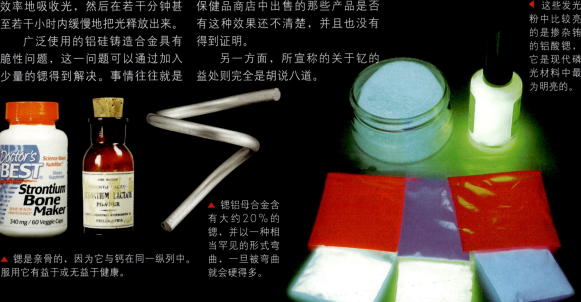

▲ 锶是亲骨的，因为它与钙在同一纵列中。服用它有益于或无益于健康。

▲ 锶铝母合金含有大约20%的锶，并以一种相当罕见的形式弯曲，一旦被弯曲就会硬得多。

原子量
87.62
密度
2.630
原子半径
219pm
晶体结构

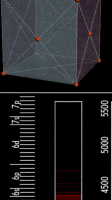

电子填充顺序

原子发射光谱

物质状态

97

◀ 从巨大的商业用金属钇
铸块上切下来的一片钇。

①该村庄的名字叫Ytterby，元素钇的名字yttrium是根据Ytterby命名的。在这里还发现了铒、铽和镱等元素。

钇

钇是一种有些嬉皮士风格的元素。首先，它的名字来自瑞典——一个松散放纵的国家——的一个村庄[①]。其次，它为新时代的巫师们所喜爱，他们认为钇能有助于将灵界与现实世界沟通，尤其是含有微量钇的萤石会更灵验。（但需要说清楚的是，由于这是一本关于客观事实的书，因此我们不能过多地涉及形而上学的东西。钇只是一种元素，而不是能够穿越时空隧道的能量体或其他不可名状的东西。）

好吧，也许我对这些太敏感了，但人们以完全错误的方式把神奇的特性加在世上那确实神奇的事物上的做法确实会让我恼火。

如果你想看戏法，那就请你忘掉在萤石中的钇，转而考虑一下钇钡铜氧（通常被称为YBCO）。在用液氮冷却的时候，这种材料会变成超导体，而超导体是完全捉摸不定的。例如，如果你试图把一块磁体放在一片冷却的钇钡铜氧盘片

上，你会失败，因为磁体会停留在距圆盘大约1/4英寸的上方。它就将坐落在那里，非常清楚地停留在半空中。不把这个看作最高级的黑魔法的唯一原因是任何人都能够重复这个花招。（魔法和技术之间的区别非常简单：如果它真管用，我们就管它叫技术；如果它不管用，我们就称它为魔法并对它发出无限的感慨。）

另一种稍为神奇的用途是钇铝石榴石晶体，它是一类强大的脉冲激光器的中心组件，这类激光器能够产生如此完美准直的光束，以至于能够从月球表面反射回来并看见反射现象。（这些光束并非直接从月球本身而是从猫眼反射器反射回来的，那是阿波罗号的宇航员特意安置在那里用于从它们上面反射激光的。）

钇可能被一种稀奇古怪的气氛所环绕，而锆则完全是一副呆板严肃的样子。

▶ 梨形YAG（钇铝石榴石）激光晶体。

▲ 宣称含有痕量的钇的萤石晶体。

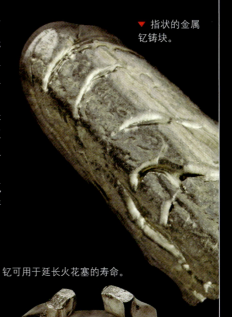
▼ 指状的金属钇铸块。

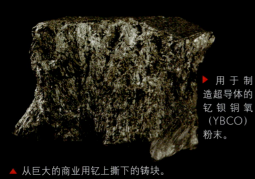
▲ 从巨大的商业用钇上撕下的铸块。

▶ 用于制造超导体的钇钡铜氧（YBCO）粉末。

SUPERCOND
1145 Chesapeake A
YBa₂Cu₃O₇₋
CP-55-99.9
2 grams

▼ 钇可用于延长火花塞的寿命。

元素周期表

原子量
88.90585
密度
4.472
原子半径
212pm
晶体结构

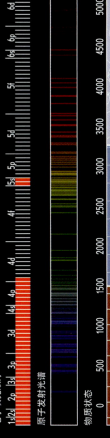

电子填充顺序
1s|2s 2p|3s 3p|3d 4s 4p|4d 5s 5p|4f 5d 6s 6p|6d 7s 7p
原子发射光谱
物质状态

◀ 用热分解碘化锆的方法制备的纯锆晶条。

①Niobe，希腊神话中的底比斯王后。因为嫉妒宙斯的夫人雷托，她的七个儿子和七个女儿全被杀死。她因为悲伤哭泣，最后变成了一块石头。

锆

元素周期表

原子量
91.224
密度
6.511
原子半径
206pm
晶体结构

▶ 在老式的一次性闪光灯泡中使用的锆绒毛。

锆是一种坚韧的硬质金属，与之相关的所有东西都是坚韧、坚硬以及粗糙的。用高纯度锆制造的管子用来在核反应堆中盛放核燃料芯块，因为这种金属既允许反应堆保持运转的中子穿透，又能够抵挡运行中的核反应堆内核心部位地狱般的恶劣环境。

这种元素的其他用途包括用于制造存放强腐蚀性物质的化学反应锅、燃烧弹以及曳光子弹。它还以氧化锆的形式用于制造研磨轮和特殊类型的砂纸研磨轮，后者用来研磨掉油井钻塔、巨型运土设备以及轻型摩托车上的焊接点。

且慢，就像许多别的粗糙阳刚的东西一样，锆也有其神秘的温柔之处。叫做立方氧化锆或CZ的立方晶体形态的二氧化锆是目前为止最常用的仿钻石。在遍布全世界的大商场和廉价珠宝店的展示柜里充斥着大量的二氧化锆。（甚至在这个用途中，它还是那么坚硬；立方氧化锆在硬度指标排名中几乎位于最前端。）

实际上，人们应该停止把立方氧化锆看作赝品钻石，却该把钻石看作定价过高的立方氧化锆。二者的美观其实没有真正的差别——所谓的差别只是由于为了一块平凡无色的石头花费了太多的钱而促发的想像。既然有了一种锆这样现实的元素，人们甚至在选择订婚戒指的时候也该抱着一种讲究实际的态度。（当然，由你先来。）

虽然立方氧化锆是对珠宝的一种合理选择，你也许还需要尝试一下用著名的嫉妒的尼俄伯①制作的更为传统的东西。

▲ 用高硬度、低摩擦的氧化锆陶瓷制造的滚珠轴承。

▶ 用氧化锆制造的陶瓷刀锋利得不可思议，但很容易碎裂。

▶ 来自使用银或锆这样的元素而不使用硅的年代的一台老式柯达相机。

◀ 实验室用的锆坩埚，它比铂坩埚便宜很多。

▶ 氧化锆是一种重要的工业研磨料，例如这个电焊工用的翼片砂轮。

电子填充顺序

原子发射光谱

物质状态

◀ 来自前苏联的"五个九（99.999%）"
纯度的纯铌晶体条。

①这些都是希腊神话中神的名字。钽(tantalum)是用坦塔罗斯(Tantalus)的名字命名的，铌(niobium)是用尼俄伯(Niobe)的名字命名的。
②"zeusium"是作者设想的用宙斯的名字（Zeus）命名的元素。

铌

尼俄伯是宙斯的儿子坦塔罗斯的女儿。在元素周期表中你可以发现用她的名字命名的元素铌，位于钽（73）的正上方[1]。可悲的是，在钽正下方的元素没有被命名为"zeusium"[2]。经过多年争论，它在1997年被命名为𨧀（105），在这些争论中没人提出把它命名为"zeusium"——这是否说明熟悉古典文学不再是全面教育所必需的呢？

尼俄伯为失去她的孩子而悲哀，他们是被月亮女神阿耳特弥斯和太阳神阿波罗杀死的；而我为失去我的铌标本而悲哀，那是被联邦调查局（FBI）没收的。我原以为那是个过时的导弹部件（带有超耐热铌合金喷嘴的火箭发动机），却原来是非常先进的，曾经失窃的空军基地非常惦记它。（你永远想像不到会从eBay上发现什么东西）。

火箭喷嘴之所以用铌合金制造是因为它们甚至在高温下都有抗腐蚀性。铌通常也用在珠宝和硬币的制造中，因为经过阳极氧化处理后，可在表面形成透明的氧化物薄层，透过薄层折射出来的光由于干涉作用形成了彩虹般的颜色。抗腐蚀性、美丽的色彩以及一个令人回味的名字，这一切相结合使铌成为制造人体穿刺饰品的理想金属。这使得在商场购买纯铌惊人地方便，只要你进入那种店不觉得尴尬。

如果那些穿刺饰品中有一个出了毛病，你会发现自己会被更大量的铌所包围。铌钛合金超导线圈用在医院的核磁共振成像仪中来产生巨大的磁场，用来对遗失在身体内的物件进行定位。

在下一部分中，钽具有铌的许多长处，但却没有铌的浪漫气质。

▶ 铌经过阳极化处理后能产生一系列可爱的色彩。

▲ 铌合金火箭发动机喷嘴，被FBI没收。

▼ 高纯度的结晶铌棒。

▲ 具有交错镶嵌的铌-铜手柄的镶嵌图案式大马士革钢刀。

▲ 烧绿石矿，$(Ca,Na)_2Nb_2O_6(OH,F)$。

◀ 用来穿刺身体某部位的哑铃状铌制穿刺饰品。

▶ 一块厚铌金属板在阳极化处理后显示出一系列颜色。

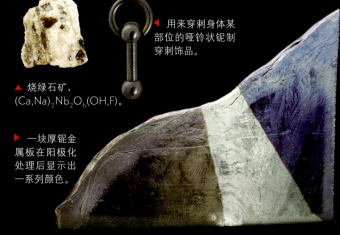

元素周期表

原子量
92.90638
密度
8.570
原子半径
198pm
晶体结构

Mo

钼

元素周期表

原子量
95.94
密度
10.280
原子半径
190pm
晶体结构

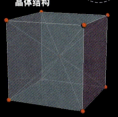

钼是一种彻头彻尾的工业用金属。它主要用于合金钢，能提供很高的强度和耐热性，最值得注意的是M系列高速工具钢（自然，M代表了钼）。

纯钼的使用远没有那么普遍，但在高温下长时间经受高张力作用的部件中可以看到它的身影，例如压力容器中。虽然在相当高的温度下钼不会失去其强度，但在温度高于500℃时会很快氧化，这限制了它在极端环境中的使用。

从制动到驱动，二硫化钼都是优秀的超高压润滑剂。无论是作为干粉还是与油脂混合，它都能承受极高的压力和可怕的温度而不失灵。

钼以非常直接的方式引出了它的邻居锝（43）。当需要把锝-99m用于医学成像时，由于其半衰期只有6小时，它必须当场这样制备：在装置中注满生命期较长的钼-99，由它衰变后产生的锝-99m不断地补充。因为转移这样产生的锝-99m的过程被戏称为"挤奶"，这一装置有了一个"母牛（moly cow）"的绰号（学名叫钼锝发生器）。尽管有这个可爱的名字，它依然是一个强放射性物体，它产生的锝跻身于最强的医用放射源之列，你在下一页中将要读到。

▲ 从亚利桑那州红云矿区得到的钼铅矿（PbMoO₄）。

▲ 当折断时，钼螺母和螺钉显示出与钢非常不同的内表面。

◀ 实验室用的钼蒸发皿。

◀ 钼钢广泛用于制造机械工具。

◀ 钼并不常用于铸币，这个奖章是为了纪念一个钼矿。

◀ 钼钢是普通的高强度合金，但这样巨大的纯钼棒就不寻常了。

▶ 在油脂中的二硫化钼能在高温高压下预防锁死。

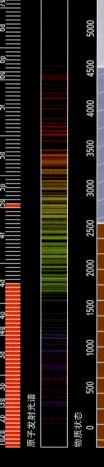

电子填充顺序

原子发射光谱

物质状态

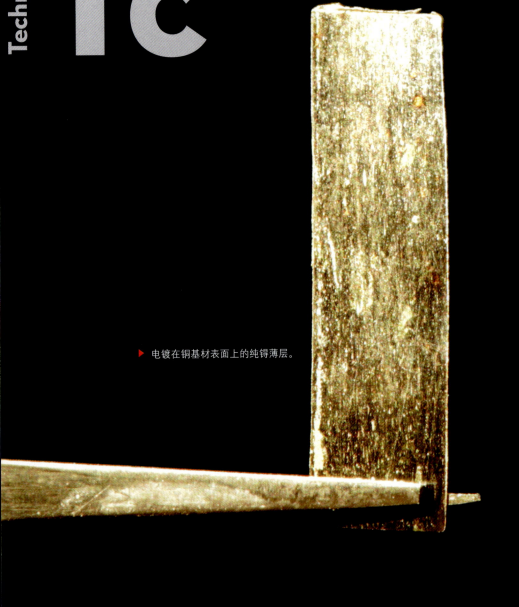

电镀在铜基材表面上的纯锝薄层。

①锝的英文为technetium，按照本书作者的意见，technetium一词是从technology（工艺技术）派生出来的。

锝

锝是一个奇怪的另类。作为一个放射性元素竟然突兀地坐落于元素周期表中最稳定的、最精巧的第五周期过渡金属的正中位置。在放射性元素和稳定元素之间有一条清晰的界线：铋（83）以前的所有元素都是稳定的，铋之后的则都是放射性的，而锝和钷（61）是例外，它们的位置显得与众不同而且抢眼。

如果怀疑某人可能患了骨癌，可以给他注射一种半衰期特别短的同位素锝-99m（m表示不稳定同位素，很容易衰变）。该同位素会粘附在骨头上，因此能够使用伽马射线照相机来对发生了骨增生的部位进行显影。

锝-99m的辐射是如此强烈，以至于医务人员在搬运它的时候要使用一种被戏称为"猪"的装置——它实际上就是一种用铅（82）或钨（74）制成的金属罐。因为即使这样做也会逃逸出相当数量的辐射，所以装载这种装置的手推车手柄非常长。

如果看见一个医生进入你的病房，带着一个放得离他自己尽可能远的、设计来用于保存将要注射入你体内的东西的装置，一定是非常吓人的。虽然你一生可能只进行一次这样的注射，但医务人员却是整日整夜地暴露于那种物质的辐射下，所以必须特别小心避免随着时间而积累的危险剂量。

锝的名字的由来是因为它是第一种被人工制造出来的，而非天然的元素：它只能采用技术方法人工制造（直到1962年才在沥青铀矿中发现有极少量的锝存在）[1]。随着锝我们又回到稳定元素——在我们达到下一种放射性元素前还有另外17种元素。

元素周期表

原子量
[98]
密度
11.5
原子半径
183pm
晶体结构

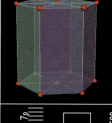

▲ 装满用于存放锝-99m药剂的铅"猪"的手推车。

▶ 用于将锝-99m从锝发生器中洗出的无菌盐水溶液。

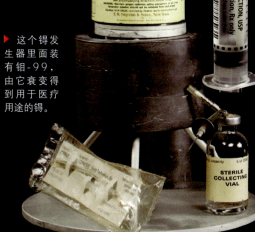

▶ 这个锝发生器里面装有钼-99，由它衰变得到用于医疗用途的锝。

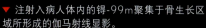

▼ 注射入病人体内的锝-99m聚集于骨生长区域所形成的伽马射线显影。

▲ 锝曾被认为不存在于自然界之中，但在1962年，在非洲的沥青铀矿（氧化铀）标本中发现了痕量的锝。

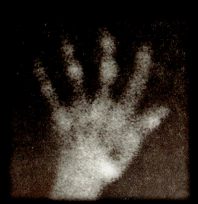

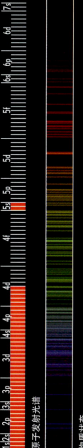

电子填充顺序　原子发射光谱　物质状态

1s 2s 2p 3s 3p 3d 4s 4p 4d 4f 5s 5p 5d 5f 6s 6p 6d 7s 7p

500 1000 1500 2000 2500 3000 3500 4000 4500 5000 5500

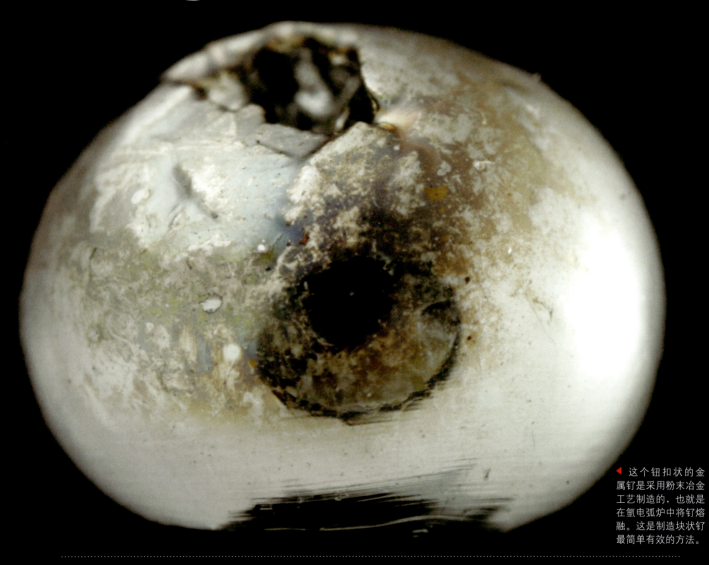

◀ 这个钮扣状的金属钌是采用粉末冶金工艺制造的，也就是在氩电弧炉中将钌熔融。这是制造块状钌最简单有效的方法。

①钌(ruthenium)是按照罗塞尼亚(Ruthenia)命名的。

钌

在中世纪，有一个包括当前的俄罗斯、乌克兰和白俄罗斯的名为罗塞尼亚的地区。因为在命名锗之前，钌已经被发现并按照发现地区命名，这使钌成为第一个按照它被发现的国家的名称来命名的元素①。但那片现在称为俄罗斯的地区在该元素的发现者卡尔·克劳斯的时代还不是任何现代国家的组成部分，因此我不把钌算在这类元素之内。

钌是贵重金属中的第一种，它是铂族金属中的次要成员之一，在矿石中与铂（78）共生并且与铂共同拥有许多为人们所期待的特性。与它被归类为贵重金属相符合，在日常生活中我们最可能遇到钌的情况是它以闪着暗灰的、像锡蜡一样光芒的镀层出现在珠宝中。由于它的高抗腐蚀性能，在一块便宜许多的基底金属表面镀上一层薄得令人难以置信的非常贵重的钌，要比使用一大块中等贵重的锡蜡更为经济。

但与大多数铂族金属一样，钌主要被用作催化剂以及合金组分。钌出现在一个特别奇异的例子中：用于高性能涡轮叶片中的单晶超合金，这是由于它的重要性而不计成本。

当钌的镀层让珠宝闪烁暗灰色的光芒时，它的邻居铑则以产生绚烂的光采而著称。

▲ 鲜红色的氯化钌。

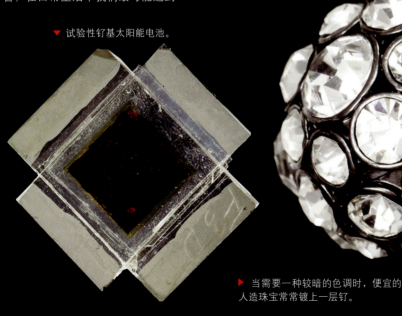

▼ 试验性钌基太阳能电池。

▶ 当需要一种较暗的色调时，便宜的人造珠宝常常镀上一层钌。

元素周期表

原子量
101.07
密度
12.370
原子半径
178pm
晶体结构

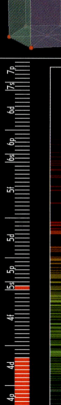

电子填充顺序　原子发射光谱　物质状态

109

Rhodium **Rh** 45

◁ 一片铑箔的撕裂边缘显示了其内部的颗粒结构。

铑

铑因其不正常的价格起落而著名。如果你在2004年1月购入1磅铑并在2008年6月抛售，你的投资额将增值22倍，在4年内由5000美元变为110 000美元。（而如果你在2008年6月购入5000美元的铑并在5个月后抛售，它就只值380美元。所以铑是会咬人的，小心哦！）

巨大的价格波动部分是由于投机，部分是由于如下事实，即与其他次要的铂族金属一样，铑的供应量主要取决于铂（78）的开采量。铑是铂矿石的次要组分，开采的铂越多，就会得到越多的铑残渣。如果铑的需求量上升，除非铂的价格同时上涨，不然铑的供应量不会相应地增加——单纯为了其中的铑杂质而开采更多的铂矿并不经济。

铑的另一个著名之处是它的发光性能。看上去像银或铂的廉价人造珠宝通常是因为镀了铑。1微米厚的铑薄膜比世界上所有的铂更为闪亮。（实际上，专家一眼就能够辨认出铑镀层，因为它实在太闪亮了。）

这种高光亮程度在反射镜镀层上也能派上用场，例如在探照灯上。

但可悲的是，到目前为止铑的最主要用途却是完全没有光泽的：它在汽车的催化式尾气净化器中被用作催化剂，这是世界上绝大部分贵重金属的可悲的终极命运。唯一能比铑更好地反射光的元素是银（47），但它对珠宝而言并不很适合，因为银在空气中很容易生锈而失去光泽，并且只被用在必须具有绝对最高可能的反射性能的科学用镜子上。在珠宝中，铑镀层是银的很好的替代物，就像我们在下面要讲到的钯元素的薄镀层一样。

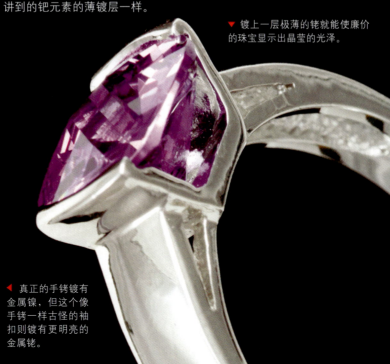

▲ 簧片开关的镀铑电触头。

▼ 镀上一层极薄的铑就能使廉价的珠宝显示出晶莹的光泽。

◀ 真正的手铐镀有金属镍，但这个像手铐一样古怪的袖扣则镀有更明亮的金属铑。

元素周期表

原子量
102.90550
密度
12.450
原子半径
173pm
晶体结构

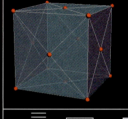

Pd

46

◀ 可爱的纯钯撕裂片。

钯

你肯定听说过金箔，那是自古以来就用于装饰物体的表面的薄纱般的金（79）片。钯也能被锻打成如金箔般极薄的薄片，并以这种形式用来模仿银（47）。具有讽刺意味的是，钯比银要贵约20倍。与钯箔不同，真正的银箔会生锈，由于这种箔的厚度小于1000个原子，任何清除锈斑的尝试都会很快耗损所有的银。

某些固态的钯被用于珠宝，但与铑（45）一样，它的主要用途是用在汽车的催化式排气净化器中。这些装置通过燃尽排气管中残留的未燃烧的燃料减少城市中的烟雾。钯的微粒（通常与其他铂族金属的少量成分相混合）被包埋在陶瓷蜂窝中，热的发动机尾气在排出的时候会经过陶瓷蜂窝。在催化剂微粒的表面，未燃尽的燃料与空气中的氧气能在远低于常规的反应温度下相结合，转化为二氧化碳和水。

虽然无焰燃烧是一个巧妙的把戏，但关于钯的最令人惊奇的事情是它那绝对令人震惊的吸附氢的能力。无需使用任何外界的压力，一块固态的钯能吸附的氢气量相当于它自身体积的900倍。氢就这样简单地消失于固体金属中。它去哪里了？氢气是潜入到钯原子之间的晶格空间中了。如果钯不是那么昂贵，填充了钯网丝的罐子将会是一个不需要高压就能储存巨量氢气的普通方法。果然不出乎意料，人们正在进行研究，尝试寻找与钯一样有效但便宜得多的稀土合金。钯可用来模仿银，但不管怎样，银始终是正品。

▲ 圆的钯块，一种贵金属的交易形式。

▲ 一瓶年代久远的"海绵"钯——很细的钯粉。

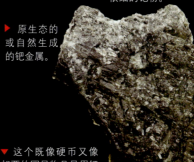

▶ 原生态的或自然生成的钯金属。

▼ 这个既像硬币又像邮票的罕见物品是用钯箔制作的。

▶ 汽车上的催化式排气净化器。

元素周期表

原子量
106.42
密度
12.023
原子半径
169pm
晶体结构

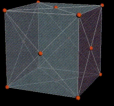

电子填充顺序

1s 2s 3s 2p 3p 3d 4s 4p 4d 5s 5p 4f 5d 6p 6s 6d 7s 7p

原子发射光谱

物质状态

0 500 1000 1500 2000 2500 3000 3500 4000 4500 5000 5500

▶ 铸有亚历山大大帝名字的四德拉克马古希腊银币。虽然这些铸于公元前261年的硬币是深不可测地古老，但像它一样的硬币还是很容易弄到手的——没有人会丢弃一个硬币。

银

银的主要问题是会生锈，这似乎立即取消了它作为金属之王的资格。但尽管有此缺点，银是我们遇到的第一个自古以来就与荣誉和财富相关联的元素。我猜想如果你专门雇佣一个人为银器抛光，生锈就不是那么大的问题了。

虽然银和金（79）总是被人们相提并论，但银显然是地位较低的搭档。在历史上它通常以金价格的1/20出售，在20世纪这个比例曾达到过1：100。这一差别使银成为可承受的铸币金属，而金对于日常使用而言太贵重了。银被用作日常流通的铸币已有近3000年的历史了，反之，甚至是最小的金币其价值也超过了大多数人在口袋中随身携带的需要。

但银并非总是处于二流地位。

金并非对任何事都特别擅长——它不是最抗腐蚀的元素，它不是最硬的，它不是最贵重的，它在任何方面都不能称"最"。但银却获得了两个奖项：它是最好的电导体并具有最好的反射性。

即使需要加以保护以防生锈，但当需要绝对最高可能的反射性能的镜子时，银是举世无双的。虽然银被用在某些电气设备上，但铜（29）的导电性只比银低10%，而价格却只是它的一小部分。（金被广泛用于电触头，这并非由于它具有最好的传导性，而是因为它是一种绝不会生锈或被氧化的良好导体，这意味着它的良好导电性不会下降。）

让我们从银那高贵的高度降落到镉，一种明显低等的乡下元素。

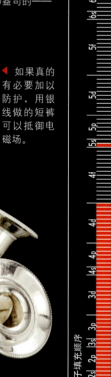

▲ 现在银不是很值钱，于是更为巨大的铸块——包括10盎司和100盎司的——都是很平常的。

◄ 如果真的有必要加以防护，用银线做的短裤可以抵御电磁场。

▶ 银改进了这种受热化合物的导热性。

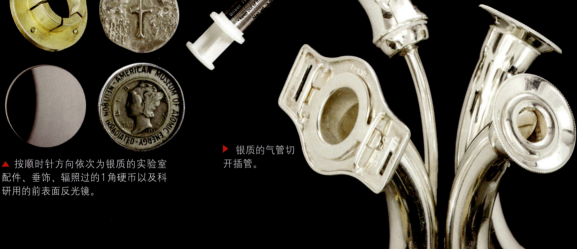

▶ 银质的气管切开插管。

▲ 按顺时针方向依次为银质的实验室配件、垂饰、辐照过的1角硬币以及科研用的前表面反光镜。

原子量
107.8682
密度
10.490
原子半径
165pm
晶体结构

电子填充顺序
1s2s 2p 3s 3p 3d 4s 4p 4d 4f 5s 5p 5d 5f 6s 6p 6d 7s 7p

原子发射光谱

物质状态

Cadmium

Cd

48

◀ 作者用固体镉铸造的一条
鱼，没有什么特别的原因。

①Claude Monet（1840—1926），法国著名画家，印象派代表人物和创始人之一。

镉

关于镉，最广为人知的可能是用来制造镍镉电池，但是它在许多应用场合中正渐渐为更轻、更强有力且毒性更小的镍氢充电电池和锂离子电池所代替。不幸的是，镉与铅（82）和汞（80）非常相似，它会在环境中和身体内积累，对生命造成长时期的伤害。所以应该把废镍镉电池集中到可对它进行回收的仓库或集散地，而不应该把它扔在垃圾箱里，免得里面的镉泄漏到周围环境中。

另一个大量使用镉的地方是飞机的镀镉紧扣件。虽然普通的锌（30）镀层对于家庭的日常用途已经足够好了，但是当要求使用的螺栓不会使它接触到的部件生锈或腐蚀这一点真的变得十分重要时（例如，用来固定飞机起落架的螺栓），镉在这方面的性能是无与伦比的。

镉的一个亮点是镉黄，这是一种印象派画家喜爱的极为强烈的颜料。当克劳德·莫奈®被问及他所使用的颜色时，他说："简而言之，我是用铅白、镉黄、朱砂红、茜红、钴蓝、铬绿，仅此而已。"在短短的一句话中提到了4种元素——对一个画家而言很不坏了！由于朱砂是硫化汞，莫奈的最爱实际上组成了满满一屋子的有毒颜料，就差巴黎绿了（参看33号元素砷那一部分中关于那个险恶的东西的讨论）。

幸运的是，下一种元素还算是比较和善的。

◀ 镀镉的刹车片。

▶ 经过重铬酸盐的处理，镀镉的槽顶螺母就有了金色。

▼ 常用的镍镉可充电电池。

◀ 防辐射镉箔。

▶ 经典的镉黄颜料是硫化镉。

◀ 硫镉矿矿石是天然结晶的硫化镉。

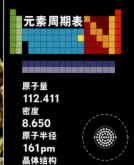

元素周期表

原子量
112.411
密度
8.650
原子半径
161pm
晶体结构

铟

铟的名字并非来自印度、印第安或地理上的其他任何一片地区。它是根据第一次证明其存在的强烈的靛蓝色光谱发射线而命名的。据说在1924年之前，在全世界只分离出1克铟，但现在每年有数百吨的铟用于液晶电视机显示屏和计算机显示器。

做此类用途的铟是以氧化铟锡（50）形式出现的，这种化合物具有良好的导电性和透光性，既可以将电信号传送到显示器的各个分立像素上，又不会遮挡像素发出的光。

纯净的金属铟自身也是良导体，但完全不透明，而是一种柔软的、银一般的并且很有趣的金属。在纯的形态下，它是如此柔软，以至于能够轻易地用指甲在上面刻下凹痕，或用随身携带的小折刀切成薄片。就目前所知，铟是无毒的，这对一种玩起来非常有趣的元素而言是个惊喜。

由于铟是极少数几种能够润湿玻璃（而非被玻璃的表面排斥）的元素之一，当任何种类的橡皮垫片在真空条件下都毫无希望地产生许多可渗透的孔隙时，铟能够在高真空应用中作为垫片材料。

铟与它的邻居锡都有一个有趣的特性：当弯曲这两种金属的条或棒时，它们会"哭"，这是由于内部的晶体破裂和重组而产生的噼啪声。虽然不少人听到过锡的哭声，但听到铟的哭声则是一种更加独特的体验。

◀ 纯铟几乎都是以1千克重的金属块形式出售的，这里看到的大约是半块。它是如此的柔软，以至于能用刀将这样的金属块切为两半（虽然需要费点力气）。

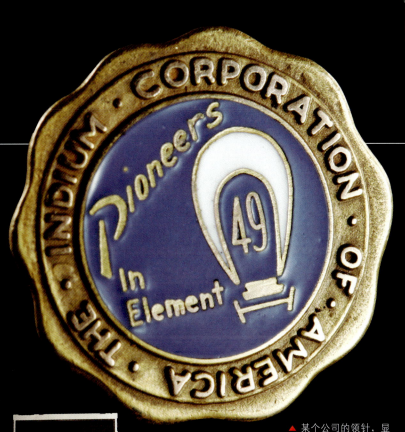

元素周期表

原子量
114.818
密度
7.310
原子半径
156pm
晶体结构

▲ 某个公司的领针，显示它对所从事的与铟相关的工作很是自豪。

▲ 在液晶显示屏上看不到氧化铟锡。这才是问题的重点。

◀ 极其罕见的砷铁铟石矿石，$In(AsO_4)\cdot 2H_2O$，产自巴西戈亚斯的Periquito矿区。

▲ 铟线的线轴，甚至比锡焊条还要柔软得多。

Sn

50

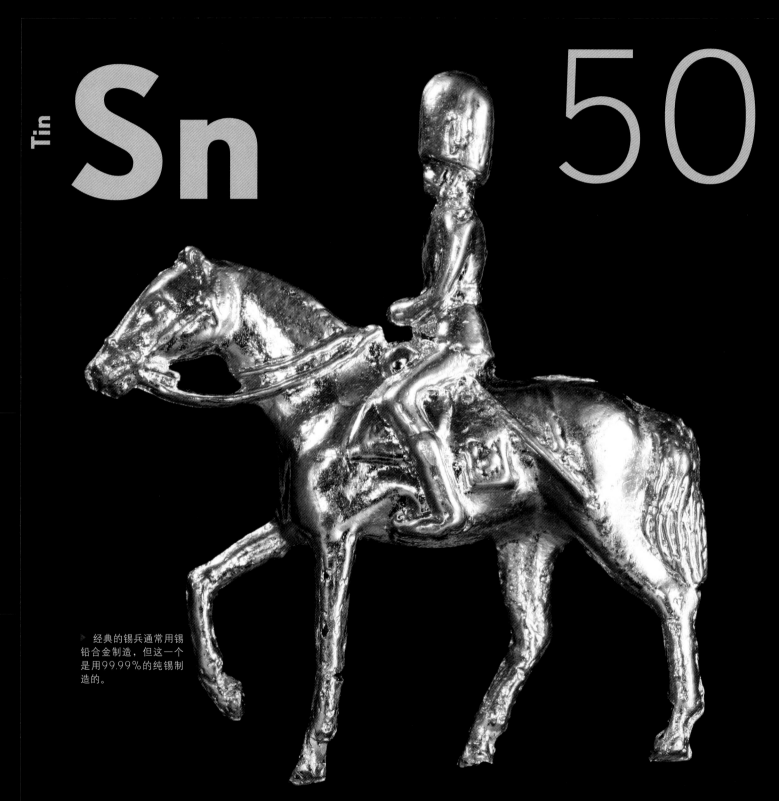

▷ 经典的锡兵通常用锡铅合金制造，但这一个是用99.99%的纯锡制造的。

锡

▶ 在一片金属锡上逐渐形成的灰锡同素异形体。

锡，多可爱的一种元素啊！几乎完全无毒，永远保持闪亮，很容易熔化并能被精密地铸成各种精巧的形状，价格并不很高——说实话，你还能要求更多吗？

小锡兵并非完全用纯锡制造。铅（82）更加便宜而且更易熔化，因此铅锑或锡铅合金是更为常见的选择。当然，目前几乎所有的玩具兵都是用塑料做的，从产品安全的角度而言这绝对是个进步。（将铅作为儿童玩具的主要成分的观点现今一定会遭到完全反对。）

实际上，许多被称为锡的东西——包括马口铁（镀锡的薄钢板，常用来制作罐头）、锡箔以及锡制屋顶——并非或根本不是用真正的锡制造的。锡这个词儿被用来表示任何软的薄金属片，以至于到了如此程度：

如果你参观一个废金属堆放场，他们会把被巨大的电磁铁吸住并举起的金属片称为"锡"，而忘记了锡根本没有磁性的事实。

有一些硬币是用锡铸造的，但锡的一个奇怪的特性限制了这种应用：在冬天寒冷的温度下，锡开始变化——在长达数月的缓慢过程中——从一种银色的金属变为一堆深灰色的粉末。它根本没有生锈、氧化或发生任何化学变化，取而代之的是晶体结构或者同素异形体从通常的金属形态变成被称为灰锡的立方体晶体结构。在欧洲的漫长冬季里这种情况会发生在锡制的风琴管上，这种现象被称为锡瘟。

如果你的钱变成了灰色粉末，你可能会想到该与下一种元素锑打交道了。

▶ 无铅焊条多半用锡制造。

▲ 铸造用的纯锡锭。

▲ 真正用锡制造的杯子。

▶ 可爱的锡制毛虫。

▲ 产自玻利维亚拉巴斯的Viloco矿山的锡石（氧化锡）矿石。

元素周期表

原子量
118.710
密度
7.310
原子半径
145pm
晶体结构

电子填充顺序
7p 7s 6d 6p 6s 5f 5d 5p 5s 4f 4d 4p 4s 3d 3p 3s 2p 2s 1s

原子发射光谱

物质状态

5500 5000 4500 4000 3500 3000 2500 2000 1500 1000 500 0

Sb

51

▶ 批量的锑就是以这样美丽的
破碎晶体块出售的。

①锑的英文是antimony，与"anti-money"（反对金钱）在字形和读音上都相似。本书作者在这里玩文字游戏。
②Johann Gutenberg (1400—1467)，德国酒类鉴赏家和冶金学家，一般认为是他第一个发明了金属活字印刷机。

锑

不，"锑"不是"反对金钱"[①]，它只是要你别忽略了其他重要的事情。在不对你的生活方式进行评判的时候，锑是一种典型的准金属，有明显的金属外表，但比普通的金属易碎，结晶性更好。

把锑加到铅(82)里能提高铅的硬度。正确比例的铅、锡(50)和锑的混合物有一种奇妙的性质：当它从熔融状态固化的时候会膨胀那么一点点。约翰·古登堡[②]将熔化的这种合金倒入手工刻制的母模型中，创制了清晰、坚硬、可以重复使用的印刷字形。他把这个小小的发明称为"活字"。在时间流逝了560年之后，活字印刷多半已成为历史，被计算机和照相平板印刷工艺取代。但如果没有因为古登堡对锑的聪明的使用而在全球培育了普遍的读写能力，后者的发展将是不可能的。

划线机大概已从我们的记忆中淡出了，但铅锑合金的另一重用途依旧流行：那就是子弹。

大家都知道子弹是用铅制造的，但是纯铅太软，因此把锑加到铅里可以制成比较硬的子弹铅合金。汽车用的铅酸电池里的铅电极板也是由锑来硬化的。

我在其他任何地方都没有看到报道的锑的一个可爱的性质是：在铸成块以后会发出音调优美的敲击响声。无疑，在锑的铸锭冷却的时候，里面的晶体发生破碎和滑动，就像在内部轻轻拍打铸块，发出像西藏乐钟那样的声音。其他金属在冷却的时候也会发出爆裂声，但我从来没有听到像刚刚铸成的锑锭发出的那种悦耳的冷却声。

虽然锑在冷却的时候会创作音乐，但碲的名字本身就是音乐。

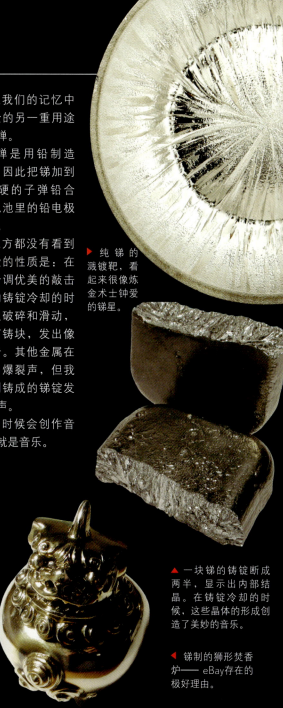

▶ 纯锑的溅镀靶，看起来很像炼金术士钟爱的锑星。

▲ 一块锑的铸锭断成两半，显示出内部结晶。在铸锭冷却的时候，这些晶体的形成创造了美妙的音乐。

▲ 像这样存放在锑制的高脚杯中的酒能够引起呕吐。这是把锑用在医药中的方法之一。

◀ 锡制玩具和锑制玩具都不是用纯锡或纯锑制造的，历史上它们都是用这两种金属的合金，再加上铅制造的。

◀ 锑制的狮形焚香炉——eBay存在的极好理由。

元素周期表

原子量
121.760
密度
6.697
原子半径
133pm
晶体结构

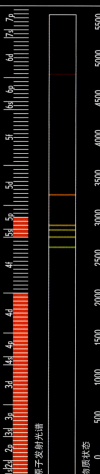

7p
7s 6d
6p
6s 5d 4f
5p 5d
5s 5p
4f
4d
5s
4d 4p
3d
4s 4p
3d
3p
2p 3s
1s 2s 2p

电子填充顺序

原子发射光谱

物质状态

5500
5000
4500
4000
3500
3000
2500
2000
1500
1000
500

Te

52

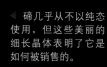

◁ 碲几乎从不以纯态使用，但这些美丽的细长晶体表明了它是如何被销售的。

① 碲发现于1782年。16年后，德国化学家马丁·海因里希·克拉普洛特（1743—1817）按照拉丁文tellus（意为地球）将它命名为tellurium。

碲

碲是最美丽的元素名字。用拉丁语的"地球"命名，充满了其他任何元素都无与伦比的诗意[1]。（我特别喜欢这个名字：有一家公司计划推出一个名为Wolframe的计算机游戏，和我的软件公司Wolfram Research产生了商标纠纷。通过说服，我使他们相信，对他们的游戏而言，Tellurium这个名字要好得多，这才平息了这个争端。）

这种元素有一个漂亮的名字和漂亮的晶体结构，但它的性质使得它除了漂亮以外什么都不是。只要接触极低浓度的碲，就会在几个星期里让你闻起来有烂大蒜的臭味。这是早期人们对这种物质缺乏研究兴趣的一个原因。

尽管有这个问题，尽管是所有元素中最稀少的元素之———地壳中第八位或第九位储藏量最低的元素——

它已经有了许多重要的用途。

很可能，在我们家里现在就能发现一些这样的用途：碲以低氧化碲的形态出现在DVD-RW和蓝光光碟魔幻般的可重写层中，在激光的加热下，它的反射率能够在两个状态之间来回转换。

碲的极端稀有和它在流行的光盘格式、太阳能电池以及记忆型实验芯片中的用途，使得有些人预料碲的价格将会发生爆炸性的狂涨。但是，DVD光盘正渐渐被在线电影所取代，其他类型的太阳能电池不再使用碲，并且，谁知道今后出现的将会是碲相变记忆还是碳（6）纳米管记忆，还是什么现在还没有发明的东西，所有这些都会使碲的价格发生爆跌？但对我来说都是废话。

关于下一种元素碘，对于它的投资我恐怕提不出什么有用的忠告。

▲ 碲化铋可用来制造温差制冷器。这个只能放一罐汽水的小冰箱就使用了这种制冷器。

▶ 碲金矿（碲化金）。

▼ 熔融的碲盘在冷却硬化时在表面上形成了美丽的晶体。

▲ CD-RW 和 DVD-RW 碟片在可重写数据层中使用碲的低氧化物。

元素周期表

原子量
127.60
密度
6.240
原子半径
123pm
晶体结构

电子填充顺序

原子发射光谱

物质状态

▲ 当加热时，碘蒸发成美丽的紫色蒸气。
在本照片中，在盘子的下方有一盏喷灯。

碘

当我们从上到下观察卤素纵列的时候，会发现这些元素一点一点地变得柔和起来，从剧烈的氟（9）、致命的氯（17）到勉强的液体溴（35），直到碘，这个相当温和的元素可以用来治疗马蹄上的真菌病。

碘在室温下是固体，但是像溴一样，它也只是勉强地坚持住固体的状态。稍微加热就会熔化，并立即蒸发成浓密而美丽的紫色蒸气。

碘使我懂得了烟雾与蒸气之间的区别。我们可以通过从旁边打光，对着黑色的背景给烟雾照相，因为烟雾是由能反射光线的微小颗粒构成的。但是我们不可能给蒸气照相，即使是有颜色的蒸气，对着黑色的背景，无论从旁边打多么强的光，也无法给它照相，因为蒸气不是由微小颗粒构成的，而是由一个个不反射光线的分子构成的。看到蒸气的唯一方法是，当一束从明亮的背景发出的光朝着你射过来的时候，看它是怎样吸收光的。我试图为黑色背景的招贴画拍摄一张碘蒸气的美好照片，并为此花费了许多时间。

过去，人们常常把含有百分之几碘的酒精溶液（是酒精而不是碘给人刺痛的感觉）用作消毒剂，在某种程度上现在还这样使用。

就像元素周期表中在碘上方的氯和溴一样，碘通过对微生物进行无情的化学攻击来消毒，微生物对此不能产生抗药性。一旦我们今天使用的昂贵的局部抗生素丧失了效力，卤素将随时来救我们的命，或者至少挽救我们的牲畜。

跟随在每一个卤素之后的就是高贵气体，但现在到来的是最不高贵的一个，即氙。

▼ 缺乏碘会导致甲状腺肿大，但由于有了加碘盐，甲状腺肿大现在已不多见了，这使得加碘的口香糖变得不需要了。

▲ 溶解在酒精里的碘已被几代人用作消毒剂。刺痛的感觉来自酒精而不是碘。

▲ 再升华的碘用作兽医的消毒剂。

◀ 漂亮的旧式碘酒瓶是普通收藏家的收藏物件。

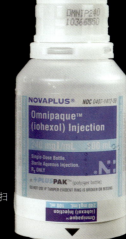

▶ 含碘的造影剂在CT扫描中用来使心脏成像。

元素周期表

原子量
126.90447
密度
4.940
原子半径
115pm
晶体结构

电子填充顺序 1s2s 2p 3s 3p 3d 4s 4p 4d 4f 5s 5p 5d 5f 6s 6p 6d 7s 7p

原子发射光谱

物质状态

54

氙

对于最实用的目的而言，氙是高贵的：有惰性并且无反应性，就像周期表这一纵列中的其他气体一样。它甚至是最昂贵的。但是在1962年发生了一件只能被描写成皇家公主下嫁贫民窟穷小子的惊世骇俗的事情：氙被发现与普通元素作用形成了化合物。自那以后已经发现并制备了大约一打的氙化合物，通常都与氟（9）有关。例如，二氟化氙就可以从任何一个试剂公司购买到，平淡无奇地装在瓶子里。真是令人震惊，这简直不是高贵气体应该做的事。

撇开上述的轻率举动不提，氙的大多数用途仍然是与它的典型的高贵惰性有关。由于氙的低热导电性，充了氙气的白炽灯泡可以燃烧得更热更亮。但是弧光灯才是氙的真正的用武之地。

电影院放映机和聚光灯的核心问题是通过使用从小型强光源发出并从抛物面聚焦镜反射出来的光来制造平行光束。在镜子聚焦点上的光越是紧密，光束的品质就越好。IMAX放映机使用具有难以置信的亮度为15千瓦的氙短弧灯来创造巨大的放映图像。这种氙短弧灯泡内充满了高压氙气，以至于必须把它放在特制的保护装置中保存和搬运，以避免发生爆炸。

使用规模比较小的是安装在某些高价位汽车上的氙金属卤化物灯，当你在夜间遇到这种恼人的新品种前大灯的时候，你会被它照得眼花目眩。

就像惰性气体紧跟着卤素一样自然，碱金属紧跟着惰性气体登场了。下面接着登场表演的是活性最强的部落。

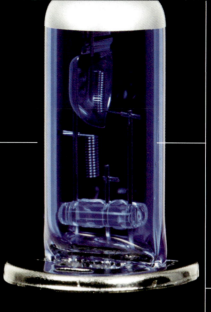

▲ 蓝色薄膜使充氙气的白炽灯泡发出的光变成蓝色，以便冒充昂贵的氙金属卤化物前大灯。

▶ 氙短弧放映机灯。

◀ 供吸入用的放射性氙-133用来研究肺功能。

▶ 照相馆摄影师使用的大功率氙闪光灯。

◀ 这根管子里的氙气正在被高压放电激发，发出可爱的淡紫色辉光。

▶ 正牌的氙金属卤化物前大灯。

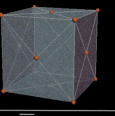

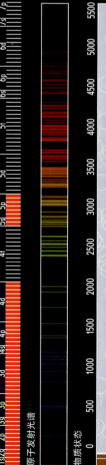

Cs

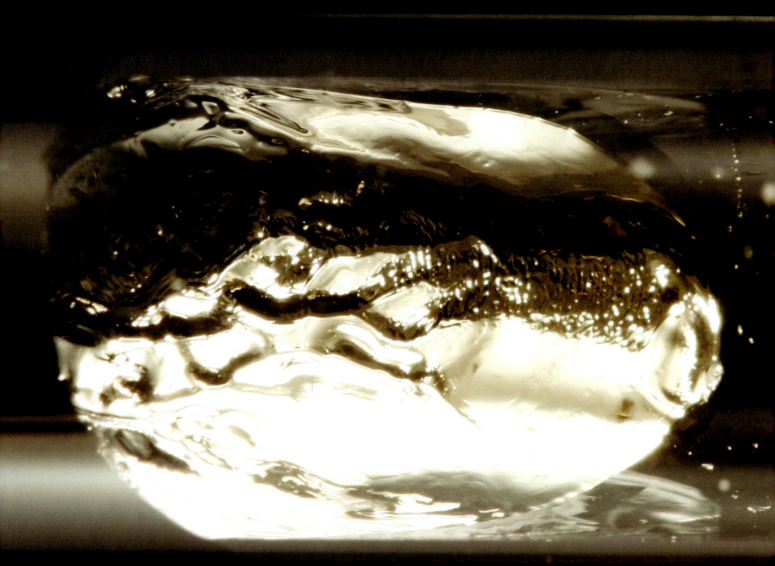

铯

铯被公认为反应活性最高的碱金属，从技术上讲确实如此。把一小块铯丢进一碗水中，它会立即爆炸，使水飞溅到四面八方。但这并不等于在所有的碱金属中它的爆炸发出的响声最大。钠（11）在水里上下翻滚，要经过比较长的时间才发生爆炸。在你等待的全部时间里，一股氢气正在形成，而当全部的氢气都点燃的时候，它的爆炸声要比铯引起的爆炸声大得多。我之所以知道这些是因为我曾经花了几天的时间拍摄整个系列的碱金属遇水爆炸的情形，为的是截穿英国某个电视节目。他们用一根炸药棒来"提高"他们的铯爆炸，以便与他们从铯的化学反应性所预料的事情相匹配。那是我在几天里的娱乐。

但是铯的主要业务不是爆炸，而是时间。秒的最近的官方定义是："秒是铯-133原子基态的两个超精细能级之间的跃迁所对应的辐射的9 192 631 770个周期所持续的时间。"为了在实践中实现这个标准，我们可以用一个频率相当的信号照射一簇铯原子，并在目标值上下缓慢调节该频率，同时观察该信号被铯原子吸收了多少。在吸收到达最大值的时候，就表明我们的信号与跃迁能级完全相等。如果这些铯原子是彼此完全隔离的，并且没有杂散的电场、磁场和重力场的影响，那么，

◀ 如果你把这个安瓿握在手中1分钟，里面的铯就会熔化，产生最美丽的金液。但如果安瓿在你的手中碎裂，引起的大火将是极其不愉快的。

我们的信号频率在定义上就恰好是9 192.631 770 000 00……兆赫。

构成更为通用的"协调世界时间"基础的"国际原子时间"是通过分布在全世界的300个铯原子钟的同步运行来控制的。最精确的铯原子钟是铯喷泉钟，在其中，激光在真空室里将几百万个孤立的铯原子的原子束向上抛出，并在它们自由降落的时候进行测量，几乎完全没有外界的干扰。如果科罗拉多州鲍尔德市的NIST-F1铯喷泉钟是在七千万年前由恐龙建造的，那么到现在它的误差也不超过1秒。

现在我们要从漂浮的铯原子转向下一种元素，它的名字意味着沉重。

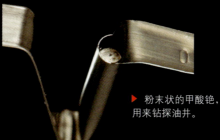

▶ 粉末状的甲酸铯，用来钻探油井。

▼ NIST-F1铯喷泉钟，迄今为止世界上最精确的钟。

▶ 由美国国家标准与技术研究院制造的超小型铯原子钟。

▼ 铯吸气剂——在加热活化以后，它可将真空室里的最后一点点氧和水清除掉。

▼ 一块金属镁浮在浓缩的甲酸铯溶液上，该溶液用来清除油井钻探中的碎岩石。

原子量
132.90545
密度
1.879
原子半径
298pm
晶体结构

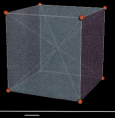

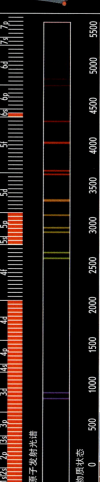

电子填充顺序

1s 2s 2p 3s 3p 4s 3d 4p 5s 4d 5p 6s 4f 5d 6p 7s 5f 6d 7p

原子发射光谱

500 1000 1500 2000 2500 3000 3500 4000 4500 5000 5500

物质状态

Ba

56

钡

钡(barium)的希腊文原意是"沉重"，但并非特别重。实际上它的密度比钛（22）低，而钛是公认的轻金属。虽然纯的钡并不重，它的许多化合物却是很重的，它的诸多用途也是利用了钡化合物浆料的高密度。

这些用途之一是油井钻探，在钻井的时候把硫酸钡"泥浆"泵进钻孔中。在硫酸钡泥浆密度的帮助下，把碎岩石浮起来并排出钻孔。硫酸钡溶液还以灌肠造影剂的形式在太阳永远照射不到的某些地方进行探险。硫酸钡对X射线是不透明的，因此，根据我们要将消化道的哪一部分成像，我们或者吞下它，或者从另一端将它引进我们的身体，然后进行X射线透视，X射线会把迂回曲折的消化道详细地显示出来。

纯的钡与氧（8）快速反应，这一性质使得该金属没有多大用途，但是当我们想要除去氧气的时候它就特别有用。老式的真空管中常常有一小块银白色的金属钡蒸发在玻璃罩的内面。钡与杂散的氧、水蒸气、二氧化碳或氮（7）反应，这些气体是在制造的时候残留在管子里的，或者是经过长时间从玻璃管壁或封口渗进来的。类似的钡"吸气剂"也应用在各种灯泡或真空系统中，以除去最后一点点氧气或潮气。

在后真空管时代，钡最重要的用途是钇钡铜氧化物超导体，这在讲到钇（39）的时候介绍过。从超导磁悬浮，我们下面转到稀土元素，这一组元素具有多种磁特性。

元素周期表

原子量
137.327
密度
3.510
原子半径
253pm
晶体结构

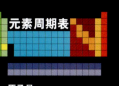

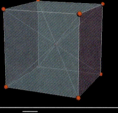

▲ 几乎所有普通的真空管都带有某种吸气剂。这支真空管中有一大块钡金属闪烁在玻璃封罩内。

◀ 钡吸气剂必须保存在密封的铁罐内，以免它们把整个地球上的氧一扫而光。

◀ 硫酸钡通常从身体的两端对消化道进行显影。

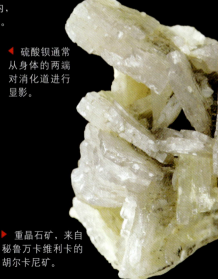

▶ 重晶石矿，来自秘鲁万卡维利卡的胡尔卡尼矿。

La

57

镧

镧是被称为镧系元素的稀土元素中的第一种元素，镧系元素显示在元素周期表主要部分的下方另外列出的两排的上面一排中。所有镧系元素的化学性质几乎完全一样，它们都在同一个矿石中一起被发现。在某些情况下，要花几年的时间才认识到，过去化学家认为是一个元素的东西实际上是几个不同稀土元素的混合物。

它们的主要差别是在磁性质上。某些稀土例如钕（60）用来制造最强的磁体，而另一些例如铽（65）则用来制造在磁场中会改变形状的合金。

至于镧本身，它是稀土中最丰产的元素之一（它实际上并不那么稀有），并且应用在许多不在乎使用的是哪一种稀土的用途中。一个例子是打火机的"火石"，它实际上是铁和稀土金属混合物的合金，该稀土金属混合物指的是镧和铈（58）再加上少量镨（59）和钕的混合物。（这种稀土金属混合物并非严格意义上的合金，它基本上就是当时从矿中开采出来的混合物。在许多用途中稀土元素是可以互相交换使用的，在这种情况下没有必要费事去分离它们。）

稀土氧化物是耐热的，并且在热的时候能发出明亮的辉光，可用在汽灯的灯头纱罩中。这种灯从根本上说属于白炽灯，但它是用煤油而不是用电来加热的。

并不符合"稀"土这个术语，镧在地壳中的储量是铅（82）的3倍以上，而铈的储量是镧的将近两倍。

元素周期表

原子量
138.9055
密度
6.146
原子半径
195pm
晶体结构

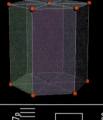

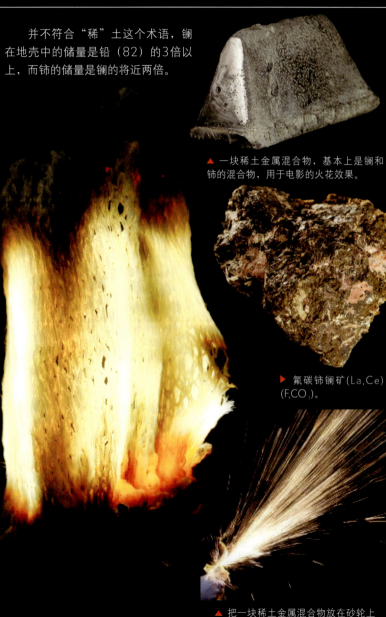

▲ 一块稀土金属混合物，基本上是镧和铈的混合物，用于电影的火花效果。

▶ 氟碳铈镧矿(La,Ce)(F,CO₃)。

▲ 一大块撕裂开的纯金属镧。

▲ 氧化镧在营火中发出明亮的光辉。

▲ 把一块稀土金属混合物放在砂轮上研磨，会发出激动人心的火花。

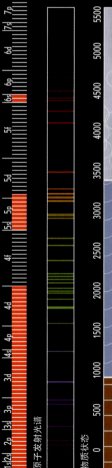

电子填充顺序　1s 2s 2p 3s 3p 3d 4s 4p 4d 4f 5s 5p 5d 5f 6s 6p 6d 7s 7p
原子发射光谱
物质状态　0　500　1000　1500　2000　2500　3000　3500　4000　4500　5000　5500

▼ 纯铈的一个切块，最
不值钱的稀土之一。

铈

铈的储量几乎和铜（29）一样丰富，非常便宜，特别是氧化铈，它被广泛用作磨料粉来抛光玻璃。

金属铈很容易自燃，在被刮、锉或研磨时候会着火。实际上并不是说整块铈都着火了，而只是形成的碎片燃烧起来，产生大量火花。因此，把铈用在打火机火石上就不足为奇了，并且在火石中还要加入铁（26）来减弱铈的自燃性。未稀释的大块稀土金属混合物 [在介绍镧（57）的时候说到的镧铈混合物] 常被用于产生电影特技效果，制造巨大的火花拖尾（例如汽车在水泥地上拖行时在车轮后面发出的火花）。

我最喜欢的稀土样本之一是篝火点火器，它基本上就是一块安装在塑料柄上的巨大的打火机火石。当我们用刀背使劲地刮擦它的时候，它将喷出大量火花雨，毫不费劲地点燃一堆干燥的火绒。我并非总是用它来点火，我只是喜欢看那种火花。

其他用途包括在铝（13）镁（12）合金和在钨（74）电焊条中加入少量的铈。

下面该介绍镨元素了。虽然其实际用途不大，但它的英文名字却是所有元素中最宽的，这对镨来说或许可以聊以自慰。

▶ 钠硬硅钙石 $K(Ca,Ce)_6Si_8O_{22}(OH,F)_2$，来自加拿大魁北克维里丢的奇帕瓦碱联合企业。

▲ 氧化铈粉是常用的研磨剂，用来研磨和抛光玻璃。

▶ 一块巨大的半英寸直径的铈镧铁合金棒，基本上就是一个巨型打火机火石，在用钢制的刀片刮它的时候，会喷出一阵火花雨。

元素周期表

原子量
140.116
密度
6.689
原子半径
158pm
晶体结构

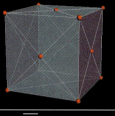

电子填充顺序
1s|2s| 2p |3s| 3p | 3d |4s| 4p | 4d |5s| 5p | 4f | 5d |6s| 6p | 5f | 6d |7s| 7p

原子发射光谱

物质状态

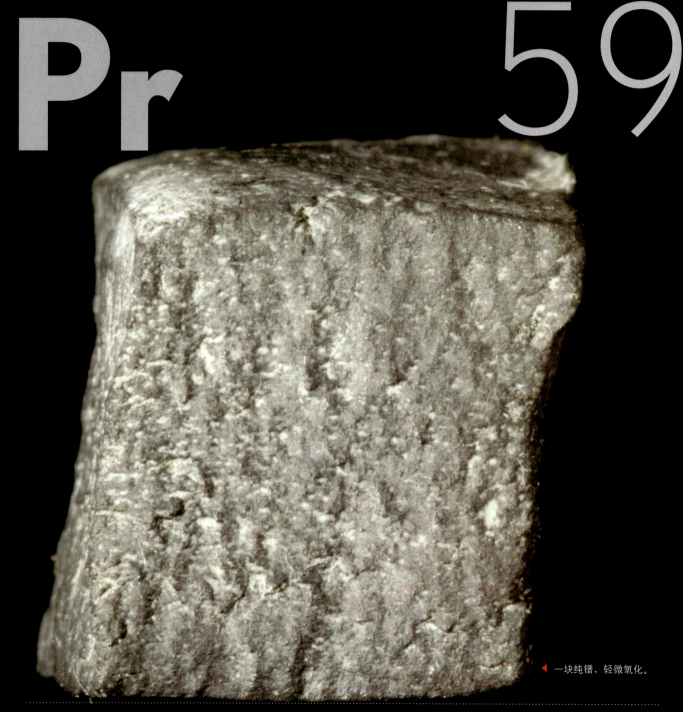

◀ 一块纯镨，轻微氧化。

①镨的英文名字是praseodymium，由12个字母组成，钅卢的英文名字是 rutherfordium，由13个字母组成，但前者有两个大宽度的字母"m"，而后者只有1个，所以在元素名字的宽度上，后者稍逊一筹。这又是作者在玩文字游戏。

镨

如果我们在砖上雕刻元素的名字，镨是值得注意的一个：它是最宽的元素名字（就按比例间隔排列的字体而言，第104号元素𬬻的英文名字中有更多的字母，但只有一个"m"）[1]。在你计划按照元素周期表的样子，用雕刻有每一种元素名字的木砖制造（就如我在几年前所做的）一张木头桌子——周期表桌子的时候，这是你需要知道的一个事实。如果你没有这个打算，你就不会觉得这个信息有什么用处。

许多稀土元素实际上并不很稀缺，它们得到这样的名字主要是因为它们难以分离。今天我们用来分离稀土元素的溶剂萃取法依赖于稀土化合物在两种互不溶解的液体（萃取剂和水）之中的溶解度的微小差异。即便如此，溶解度的差异还是很小的。我们可以使用一种逆流萃取系统，这样的系统可以在连续的液流中进行许许多多的萃取步骤，逐渐提高分离程度，直到在一种液体中的物质的纯度接近完美。

逆流溶剂萃取法完全革新了所有稀土元素的供应能力，戏剧性地降低了纯稀土的成本。突然间可以合理的价格获得大量稀土的事实激发了寻找它们的用途的研究。这种努力在一些稀土中取得了比在另一些稀土中更大的成功。

例如，镨在"钕镨"眼镜中找到了用途，这种眼镜有一种很特别的用途——吹玻璃工人通过它观察他们所做的活儿。镨和钕（60）的混合物赋予镜片一种似乎是淡蓝色的色调，这实际上是对特定波长的黄光非常强烈地吸收的结果。这种黄光的波长相应于明亮的钠黄光发射线，它使炽热的钠钙玻璃有了极其强烈的颜色。非常有意思的是，当通过钕镨镜片观察的时候，我们可以直接注视那正在把玻璃加热到熔点的喷灯火焰，除了火焰暗淡的蓝光和炽热玻璃的橙红色光以外，看不到任何东西。当我们取下眼镜的时候，那令人目眩的黄光迫使我们不得不转过脸去。

一个质子能造成如此之大的差别：从冷门的镨到几乎家家都有的元素——钕。

▲ 随广告赠送的样品，宣传突然以合理的价格供应稀土。

▶ 吹玻璃工人的一副钕镨眼镜的镜片。

▼ 带有掺镨棒芯的碳弧光棒能制造白天一样的白光，用在电影摄制场所。

◀ 在人造立方氧化锆橄榄石中，镨制造了所需的颜色。

▼ 含有镨的蓝色滤光片把低效率的淡黄色白炽灯泡变成效率更低的日光灯泡。

元素周期表

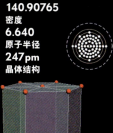

原子量
140.90765
密度
6.640
原子半径
247pm
晶体结构

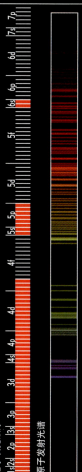

电子填充顺序 1s²2s² 2s³3s³ 3p 4s²4s² 3d 4d 5p 5s 5d 4f 6p 6d 5f 7s 7p

原子发射光谱

物质状态

Nd

Neodymium

60

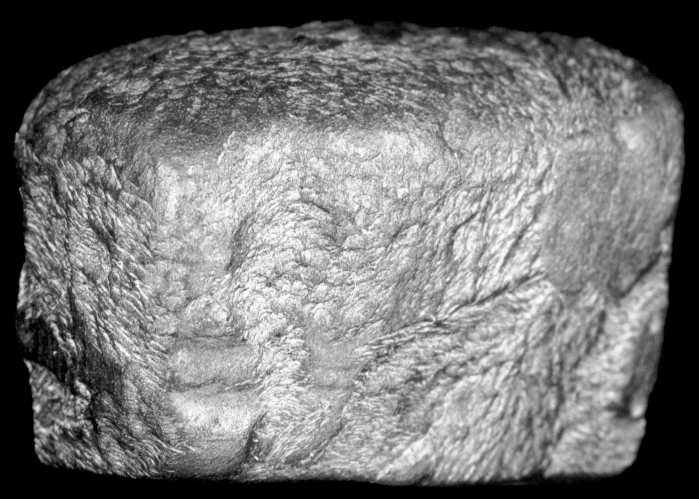

纯态的金属钕。

钕

由于钕磁体（实际上是由钕铁硼合金制造的）的缘故，钕是稀土镧系元素中最著名的元素。钕磁体是迄今为止我们能够得到的最强的永磁体，它的磁性强大到靠近它就非常危险，尤其是当我们的四周有多个这样的磁体的时候。

如果在一尺开外的距离有两个钕磁体，它们就会朝着对方跳跃过去。在这个时候如果你正握着其中的一个，那就只有老天能救你。即使是一块非常小的钕磁体，也能使你遭到痛击；大一点的（边长几寸的）能够毁掉你的一只手指，甚至整只手。吞下一小块钕磁体不会造成很大的问题，只需要等着它从你身体的另一端排出来。但如果相隔几小时吞下两小块钕磁体，就会造成危急情况，它们会在肠子的不同部位互相寻找对方并最终粘在一起，造成危及生命的肠穿孔。

那些没有在耳朵上打孔而又爱美的人们可以利用钕的这一箍紧肉体的特性来固定耳环或者其他假的穿孔型珠宝首饰。

掺有钕的玻璃具有一些特殊的光学特性。一个愚蠢的做法是在白炽灯的玻璃罩中放一些钕，以滤掉一些黄颜色的光，产生比较接近日光的白光。说它愚蠢，是因为本来就低效的普通白炽灯在加了钕以后变得更加低效。比较好的替代方法是使用能发出日光光谱的日光灯，它的效率比白炽灯要高出几倍，并且用铕磷光体来帮助发出令人愉快的光线，而不是用钕去吸收掉一些令人不快的光线。

钕玻璃还是一种激光材料，在用闪光灯泡输送了充足的能量之后，能够放大光脉冲。而下一个元素钷则无需帮助就能发出辉光。

▲ 钕磁体使这个小电机的功率惊人地强大。

▲ 在轻型高保真头戴式耳机中，钕磁体是至关重要的。

▶ 连接在滤油器上的强磁能在滤油的时候吸住金属碎片。

▲ 无需用线连接珠子，钕磁体链能够把珠子连成手镯。

▲ 无需打孔，钕磁体就能够把耳环固定住。

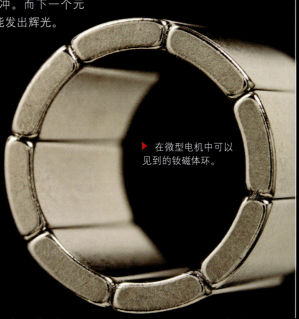

▶ 在微型电机中可以见到的钕磁体环。

元素周期表

原子量
144.24
密度
7.010
原子半径
206pm
晶体结构

7p
6d 7s
5d 6p
6s
5f
4f
5d
5s 5p
4d
4p
4s
3d
3p
3s
2p
1s 2s
电子填充顺序
原子发射光谱

5500
5000
4500
4000
3500
3000
2500
2000
1500
1000
500
0
物质状态

▲ 这个钷发光按钮是用制造潜水手
表的库存尾货制造的。

钷

对于铋（83）之前的元素都是稳定的一般规律而言，钷和锝（43）是两个例外。根据原子核的壳层模型，这两种元素的原子核中的质子和中子无法形成稳定的结构，因此锝和钷不存在稳定的同位素，无法在自然界中长期存在。

锝在医学中具有有趣的用途，但对钷的利用则很缺乏。钷曾经有过一个短暂的闪亮时刻，那时人们不再使用镭（88）而又未能大量制造出氚，所以只能将钷与硫化锌（30）磷光材料混合在一起来制造发光刻度盘和发光标记。这些装置的实物现在已经很难找到且再也无人使用了，这是因为钷-147同位素的半衰期只有2.6年。

钷已被氢（1）的同位素之一氚代替，这是由于氚安全得多。氚发出的辐射不会穿透保存它的玻璃管。氚与氢以及氦（2）一样都远比空气轻，因此即使玻璃管被打破了，逸出的氚会迅速散播到高处而远离人体。相反，钷涂料和镭涂料都是黏性物体，会剥落并进入每一样东西，使清洁工作麻烦而且代价高昂。

在钷之后，从钐开始的21种元素重新回归稳定元素。

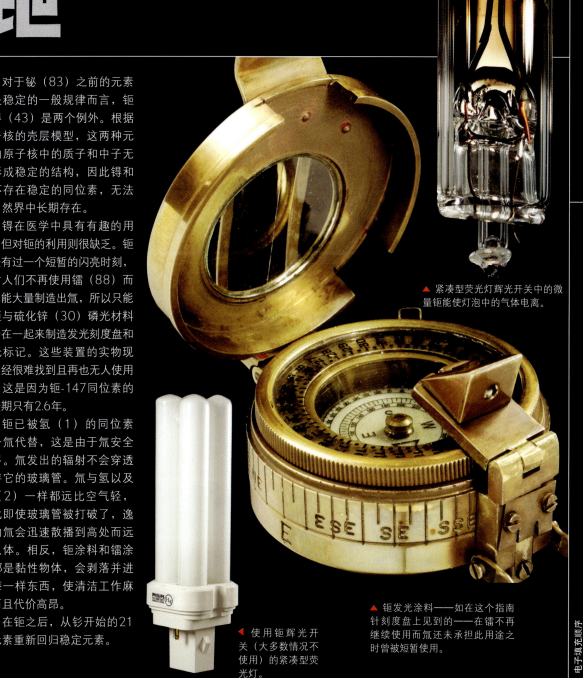

▲ 紧凑型荧光灯辉光开关中的微量钷能使灯泡中的气体电离。

◀ 使用钷辉光开关（大多数情况不使用）的紧凑型荧光灯。

▲ 钷发光涂料——如在这个指南针刻度盘上见到的——在镭不再继续使用而氚还未承担此用途之时曾被短暂使用。

元素周期表

原子量
[145]
密度
7.264
原子半径
205pm
晶体结构

7s 7p
6d
6p
6s
5f
5d
5p
4f
5s
4d
4p
3d
4s
3p
2p 3s
1s 2s

电子填充顺序

原子发射光谱

物质状态

500
1000
1500
2000
2500
3000
3500
4000
4500
5000
5500

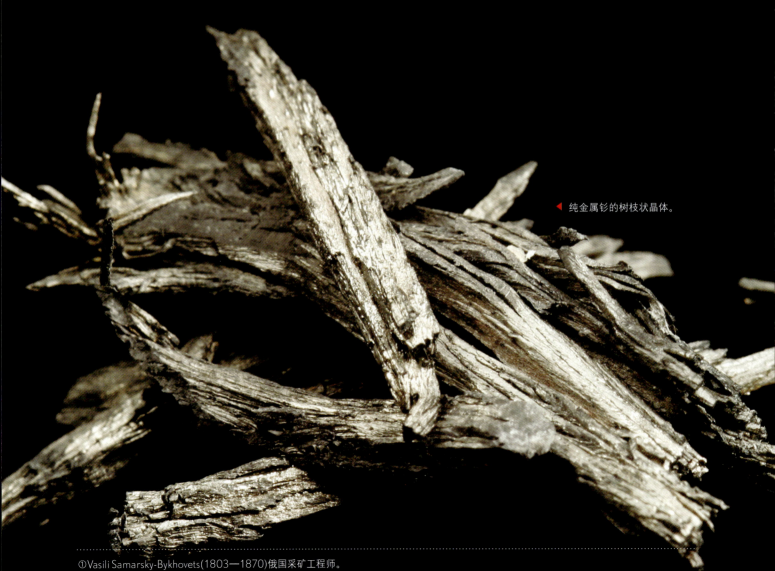

◀ 纯金属钐的树枝状晶体。

①Vasili Samarsky-Bykhovets(1803—1870)俄国采矿工程师。

钐

钐的名字不是来源于古代城市撒玛利亚(Samaria)，而是根据俄国人瓦西里·萨玛斯基·比霍维奇①所发现的铌钇矿(Samarskite)的名字命名的（虽然据我所知，如果你看得足够远，他的名字的来历可以回溯到撒玛利亚）。由于命名这种元素时候瓦西里·萨玛斯基·比霍维奇还没有过世，钐就成为在𬭳(106)之前用活人的名字命名的第二种元素，但钐的命名并非是为了给予某人特殊的荣誉。根据以前命名的矿物来间接命名的情况并不在本书考虑范围之内（而你将注意到，这就是本书的风格）。

钕铁硼磁体是现在能够得到的最强磁体，但钐钴磁体可以在更高的温度下工作，而在此温度下钕铁硼磁体会失去磁性。由于某些原因，人们喜欢用钐钴磁体组装高档电吉他的拾音器。但除非你打算在火上玩电吉他，我无法想像在常温下如何听出二者在音色上的差别。

除了用于磁体中之外，钐还有其他广泛的用途。你可以发现它和几乎任何元素一样被用于化学试剂、医药（在此案例中是指钐的一种放射性同位素）以及其他不同的研究中——例如关于钐的可能用途的研究——的例子。如果我说钐没有其他重要的用途，某人可能会反驳说：不，如此这般的用途是极其重要的。但你知道我的意思。

铕的情况更能说明问题。

▲ 一个用纯钐冲压的硬币，是用几乎每种实用的元素制造的硬币系列中的一种。

▶ 钐钴磁体的磁性不如钕型磁体强，但可在更高温度下工作。

▼ 独居石矿含有几乎所有的稀土元素。

▲ 一个有钐钴磁体的电吉他拾音器。

原子量
150.36
密度
7.353
原子半径
238pm
晶体结构

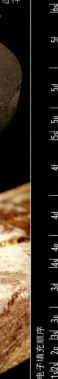

电子填充顺序　原子发射光谱　物质状态

Eu

63

◀ 即使保存在油里，长时间放置的铕也会被氧化。

①铕(europium)是按照欧洲(Europe)的名字命名的，钌(ruthenium)是按照地区罗塞尼亚 (Ruthenia)命名的，锗(germanium)、钋(polonium)、钫(francium)和镅(americium)是分别按照德国(Germany)、波兰(Ploland)、法国(France)、美国(America)的名字命名的。

铕

铕的名字源自欧洲，和钌（44）一样类似于按国家的名字来命名。但情况又不是完全相同，因此我没有将它归于那4种真正按照国家的名字命名的元素——锗（32）、钋（84）、钫（87）和镅（95）之列[①]。

铕的用途集中在发光性而非磁性，这对于稀土元素而言在某种程度上是很不寻常的。它被用于荧光涂料，包括某些神奇的新品种，它们只需在强光下短暂暴露就能够持续几分钟发出绚丽夺目的光彩，或是持续几小时发出朦胧的光芒。

在那些日益稀少的阴极射线管显示器和彩色电视机中，铕也被用作磷光剂。这些即将成为历史文物的设备是体积巨大的真空管，在那里面聚焦的电子束被数千伏电压加速后冲向位于前方的屏幕内的具有红、绿、蓝磷光体的小圆点。每一个小圆点发射出的光的颜色取决于其中所含有的元素和化合物。因为当时没有良好的、鲜艳的红色磷光剂，在早期的彩色电视机中红色曾经是一个问题，因而不得不蓄意将另外两种颜色变得暗淡以求保持正确的色彩平衡。随着以铕为基础的红色磷光剂的发明，彩色电视机突然变得明亮而绚丽，从而为毒害全世界的儿童起了更大的作用。

▶ 这个微型的2瓦紧凑型荧光灯几乎不用电就能发光。

紧凑型荧光灯这一奇妙的装置使我们从极为低效的爱迪生白炽灯中解脱了出来，其中所使用的含铕的混合磷光剂使它发出令人愉快的光线。我现在已如此习惯于紧凑型荧光灯所发出的明亮、美丽的日光光谱的光线，以至于觉得白炽灯那昏暗、古老的黄光非常令人压抑。

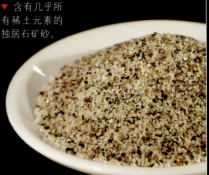

▲ 几乎所有普通的紧凑型荧光灯都使用铕磷光剂以产生令人舒适的光线。

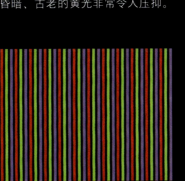
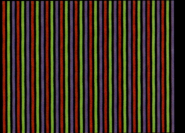

▲ 铕磷光剂为阴极射线管彩色电视机提供了鲜艳的红色。

▼ 含有几乎所有稀土元素的独居石矿砂。

▼ 搭售一副指甲剪的紧凑型荧光灯。

元素周期表

原子量
151.964
密度
5.244
原子半径
231pm
晶体结构

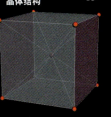

电子填充顺序
1s 2s 2p 3s 3p 4s 3d 4p 5s 4d 5p 6s 4f 5d 6p 7s 5f 6d 7p

原子发射光谱

物质状态

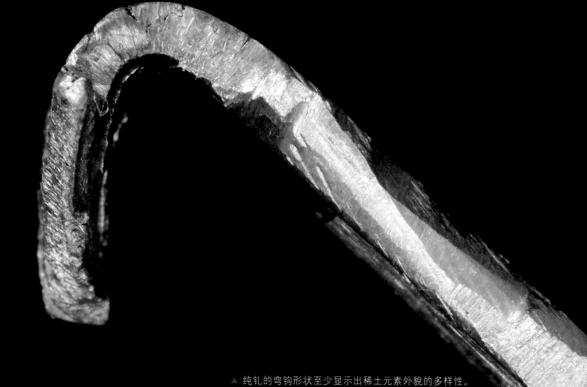

▲ 纯钆的弯钩形状至少显示出稀土元素外貌的多样性。
当然，它依然只是另一种灰色金属。

钆

钆的化合物具有极高的顺磁性，这一特性决定了它们的主要用途是注射入人的身体内，作为磁共振成像扫描的造影剂。这一想法和把硫酸钡（56）用作胃肠道X射线造影剂相类似。

软组织对X射线是极为透明的，但是对X射线不透明的硫酸钡涂层能反映消化道内表面的细节。同样，钆能对磁共振成像仪的磁场做出强烈回应。因此，当把钆喷葡胺注射入血液中时，磁共振成像仪就会显示哪里是血，哪里不是。通过观察三维图像中血从血管渗漏的确切位置，磁共振成像仪能够精确定位内出血的准确位置；或是通过清楚显示血流在何处变得狭窄或停止来定位血管收窄或阻塞。

钆具有正好是室温(19℃)的居里点。这使得向人们展示什么是所谓的居里点变得非常方便，虽然这一现象还没有显示出商业用途。居里点是指一个温度，在此温度下物质由铁磁体（能吸在磁铁上）转变为顺磁体（不能吸在磁铁上）。如果你把一块钆放在冰水中降温，它会粘附在磁铁上，但回暖后它又会从磁铁上掉下来。

居里点转变只是稀土元素众多奇特的磁特性之一，但还有更奇怪的，就是铽在磁场中会发生外形改变。

▲ 用纯钆铸造的硬币，仅此而已。

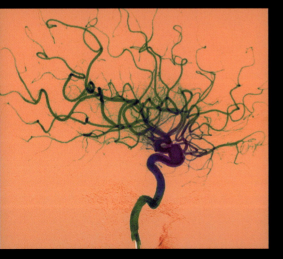

◀ 通过使用钆造影剂，我们可以在核磁共振图像看到渗漏的血管。

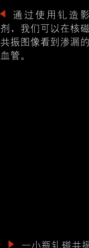

▶ 一小瓶钆磁共振成像造影剂。

元素周期表

原子量
157.25
密度
7.901
原子半径
233pm
晶体结构

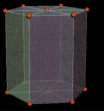

◄ 纯铽的切片。

铽

铽本身（甚至更大程度上被称为"铽镝铁磁致伸缩合金"的一种特殊的铽合金）具有一种不寻常的特性：在磁场中会改变自己的形状。根据磁场的强度和取向，用这种材料制成的棒在磁场中能够小量地伸长或缩短。这一特性看起来没有多大的用处，但通过它可以将任何固体表面变成一个扩音器。

如果把铽镝铁磁致伸缩合金棒的一端压在木头桌面上，然后施加一个强度随着声频信号变化的磁场（相当于把铽镝铁磁致伸缩合金棒包裹在扬声器线圈中），这根棒会使整个桌子晃动起来，把整个桌面变成一个巨大的声音辐射面，桌子所扮演的角色和扬声器纸盆相同。

为什么不干脆把一个普通扬声器压在桌面上来达到同样的效果呢？因为那样只能把扬声器的声音蒙住。这是阻抗匹配问题的一个例子。普通扬声器只能发出很小的力量使很轻的扬声器纸盆移动相对较大的距离。为了移动质量巨大的实木桌面，必须在短距离使用巨大的力量，这是普通扬声器的磁体和线圈不能做到的。铽镝铁磁致伸缩合金棒是制作这类扬声器仅有的几种方法之一，并且实际上可以相当便宜地买到正是为此目的而设计的铽镝铁磁致伸缩合金器件！

要是镝也有如此广泛的用途该多好！

▶ 包在铜线圈中的一根铽镝铁磁致伸缩合金棒被制成一个固体表面声频驱动器。

▶ 掺杂了铽的装饰用红色玻璃泪珠。

▼ 这个SoundBug牌扬声器带有如下所示的铽镝铁磁致伸缩合金固体表面声频驱动器。

▶ 表面高低不平的纯度极高的铽棒。

元素周期表

原子量
158.92534
密度
8.219
原子半径
225pm
晶体结构

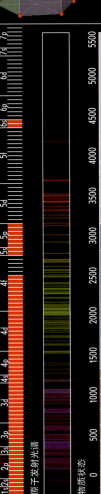

电子填充顺序

原子发射光谱

物质状态

Dysprosium

Dy 66

▶ 纯镝的树枝状晶体。

① 镝(dysprosium)的名字来源于希腊语dysprositos

镝

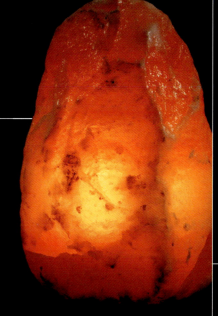

不能说镝是没有任何用处的元素，它是刚才谈到的铽镝铁磁致伸缩合金的一个微量成分，也是在钕(60)这一部分中谈到的钕铁硼磁体的一个非必需的微量成分。它还可以是其他一些用途中的微量成分。但如果想要找出镝的真正让人感兴趣的独特用途，这一元素还真不愧于它那源自希腊语dysprositos的名字[①]：很难得到。

如果在网站上搜索某种元素的名字，你通常会看到许多公司发布的关于它们的产品如何使用这种元素的信息，或是探究其有趣特性的科学论文。在查阅镝的时候，只有在所有结果的第四页才能找到镝的周期表网站登入以外的东西，通常是"这是一种元素，因此我们必须为其安排一个页面"之类的固定页面。

但这并不表示镝就没有重要的用途！这只是表明知道这些重要用途的人士认为不需要在公众场合谈论它们。在互联网上发现的那个世界之外，或者甚至在书籍以及科学论文之外，还有一个作为商业机密保存在各个公司里的完整的私有知识王国。例如，镝以碘化镝或溴化镝的形式广泛用于高强度放电光源中，发射出一种难得的红光。你无疑曾经在含有镝的商业广告灯光系统的绚丽光彩下花费过许多小时，除非你碰巧认识某个在该行业工作的人士，否则你不会得到这个信息。（甚至直到写这本书时，在似乎对所有的元素无所不知但实际上并非如此的维基百科里都没这条信息）。

以下两种稀土元素钬和铒是通向铥的道路中的两个亮点。

▲ 喜马拉雅海盐是一种固体，有人号称食用它比食用普通的食盐更有利于健康，部分是因为它含有一长串的元素（其中包括对健康不利的镝，这使得这种说法显得很可疑）。它也以这样的巨大固体块出售，这里将其内部挖空变成了灯泡。

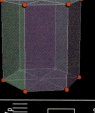

元素周期表

原子量
162.5
密度
8.551
原子半径
228pm
晶体结构

◀ 一个用纯镝铸成的硬币。是的，我们生活在一个奇特的世界中。

DYSPROSIUM
66
Dy
162.50
1412°C
8.54 g/cc

▶ 空心阴极灯能够创造出它所含有元素的特征光谱。现在我们能够买到含有各种元素的这种灯，可以用它们拍几张照片来描述某个特别难以理解的稀土元素。

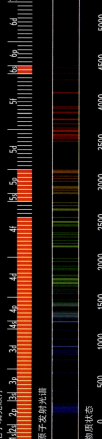

电子填充顺序
1s 2s 2p 3s 3p 3d 4s 4p 4d 4f 5s 5p 5d 6s 6p 6d 7s 7p
原子发射光谱
物质状态
0 500 1000 1500 2000 2500 3000 3500 4000 4500 5000 5500

▲ 纯钬金属的多晶表面。

钬

钬达到了对稀土元素的期待的最高峰。稀土元素都具有某种有趣的磁性能，但钬具有一种特别重要的特性——它的磁矩最大。

这意味着当把钬放在磁场中时，钬原子会按照磁场的方向排列并使磁场聚集，使磁力线彼此靠得更近，因此提高了磁场的局部强度。如果将钬的金属小块——称为磁极片——放在磁体的一端，你会得到一个更强的磁体。

钬磁极片用在核磁共振成像仪中，成像仪中极强烈的磁场使身体内的原子排列起来，因此能测量它们的核自旋。这些磁场是如此强烈，以至于必须仔细地防范，保证没有金属物体靠近它。我讲一个真实的故事：我曾做过一次核磁共振成像检查，技术人员坚持先对我的眼睛做X射线检查，我感到困惑，直到我知道这是因为在登记表中对于近来是否做过焊接或金工这一栏我回答了"是"。这说明他们担心嵌在病人眼睑下的金属小碎片在核磁共振成像仪的巨大磁场中会松动并嵌入眼球。（他们提出这样的问题只能是因为这种情况确实在某人身上发生过。）

与医疗用途有关的是，用于激光手术的激光通常是掺杂钬的钇铝石榴石固体激光器；与其他稀土元素一样，玻璃或水晶材料中的钬杂质会产生能够储存光能并将它以激光脉冲形式输出的色心。

虽然钬赢得了稀土元素磁性的大奖，但稀土元素的光学特性则由于铒而达到了高峰。

▲ 通过氯化钬的形式将钬元素引入高强度放电光源，其中钬的光谱是有用的。

▼ 核磁共振成像仪用钬磁极片来聚集它们的磁场。

▲ 纯钬的硬币。

原子量
164.93032
密度
8.795
原子半径
226pm
晶体结构

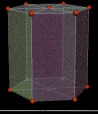

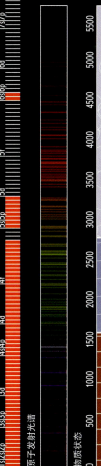

电子填充顺序
原子发射光谱
物质状态

▲ 撕裂的固体铒锭，用来
显示其内部的晶体结构

铒

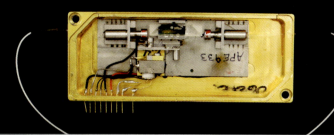

元素周期表

原子量
167.259
密度
9.066
原子半径
226pm
晶体结构

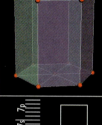

在现代通信系统中铒扮演着关键的角色，因为它可以使一束光在光纤中得到放大而不必转化成电信号。一束微弱的光脉冲经过光纤到达纤维玻璃中含有少量铒杂质的截面。在这个掺杂铒的截面中，光脉冲比它进入时明亮得多——在光纤内部发生了彻底的放大；脉冲没有被拦截，它比进入时变得更强了。

当然，当你在结束时获得的能量比开始时多的话，则额外的能量必定来自某处。（任何不是这样讲的人很可能是要向你推销某个东西，无论是什么东西都不要买。）

为了操作这个被称为掺铒光纤放大器的装置，首先必须用激光将能量注入掺铒光纤中。该能量以将电子提升到高能激发态的形式储存在铒原子中。被捕获的能量停留在那里，直到一束具有合适波长的光脉冲通过，从而触发这些电子回到基态并将储存的能量以光的形式释放出来。

这一过程称为受激发射，也是激光的工作原理（激光"laser"一词是由"light amplification by stimulated emission of radiation"中各单词的第一个字母组成的缩略语，意思是"通过受激辐射而产生的光放大"）。最为重要的是，以这种方式发射的光与激发其发射的光的传输方向总是相同的，因此，添加的光与输入脉冲集合在一起并从前端出去，而不是朝着脉冲进入的方向折返。

激光以及相关的光学器件跻身于迄今所有发明中最普遍使用的和最有用的设备之列，这使得最终在写到铥的时候只有让人更加失望。

▲ 一个大功率掺铒激光泵浦波导放大器。

▶ 铒杂质使这些可爱的玻璃棒产生了粉红色。

▼ 固态纯金属铒。

▼ 用于研究的奇特的铋碲铒合金。

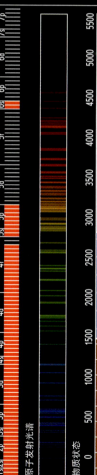

电子填充顺序
1s 2s 2p 3s 3p 3d 4s 4p 4d 4f 5s 5p 5d 5f 6s 6p 6d 7s 7p

原子发射光谱

物质状态
0 500 1000 1500 2000 2500 3000 3500 4000 4500 5000 5500

▶ 纯铥的枝状结晶。

①John Emsley，英国伦敦大学教授、化学家和科普作家。

铥

在我们一起参加一个电台节目时，《大自然的积木》（Nature's Builing Blocks）一书的作者、元素题材的杰出作家约翰·埃姆斯利[①]将铥称为"最不重要的元素"。这话说得很重。有谁会支持铥？肯定不是我。它只是另一种稀土元素，可与其他元素在化学上发生互相交换且储量远远谈不上不丰富。和镧（57）和铈（58）一样，铥可以用来制造打火机的火石，价格更高且难以提纯——所以何必费这个事？

但是作为一种元素，无论它多么不起眼，无论将它称为彻底无用的做法是多么吸引人，总会在某个地方有某个人支持它，我就刚刚和一个支持铥的人一起吃午饭。

就像我的朋友蒂姆那样，在设计一个高强度的弧光灯的时候，你会在电弧管中添加元素的混合物来形成它所发出的光的光谱——颜色。例如，钪（21）之所以被普遍使用是因为它能提供范围宽广的光谱线，制造出漂亮的白光。

在生活中，铥主要用来发射范围宽广的绿色发射线，这个范围的光谱不容易用其他元素来产生。虽然大多数人甚至从未听说过铥，但如果没有它，全世界的灯光设计师都会失迷失方向。（你应该看看当我告诉蒂姆铥是最不重要的元素时他脸上的表情。）

在1879年被发现以后，铥一直非常罕见并且难以从其他更为丰产的稀土元素中分离得到，直到80年后才真正可能通过商业渠道买到它。甚至直到那时，之所以能得到它只是因为一种能够分离所有稀土元素的新的有效方法得到了完善。（在第59号元素错这一部分，我们描述了用溶剂提取法分离大量相当纯的稀土元素。用离子交换法可以得到非常纯的样品，但费用较高。）

现在能以相当合理的价格买到铥，并且其价格会一直保持合理，直到某个人发现一个需要消耗比弧光灯所需的微小量更大量的铥的新用途。那时，铥的价格会因为它的稀少而冲破房顶。

另一个种类的光来自下一种元素镱。

▲ 铥为卤灯贡献了范围宽广的绿色发射线。

▶ 金属铥的巨大熔块。

◀ 铥是以溴化铥的形式被加到高强度放电灯中的。

元素周期表

原子量
168.93421
密度
9.321
原子半径
222pm
晶体结构

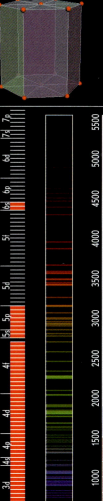

电子填充顺序
1s 2s 2p 3s 3p 3d 4s 4p 4d 4f 5s 5p 5d 5f 6s 6p 6d 7s 7p

原子发射光谱

物质状态

0 500 1000 1500 2000 2500 3000 3500 4000 4500 5000 5500

▶ 被撕裂的纯镱枝状晶体。

①元素berkelium(锫)、dubnium(𨧀)、darmstadtium(𨧀)是分别以发现它们的城市的名字Berskeley(伯克利)、Dubna(杜布纳)、Darmstadt(达姆施塔特)命名的人造元素。

②元素Yttrium(钇)、terbium(铽)、erbium(铒)、ytterbium(镱)的英文名字分别来自它们被发现的地名Ytterby(伊特比)的部分字母。

镱

美国加利福尼亚的伯克莱市、俄罗斯的杜布纳市和德国的达姆施塔特市都曾经非常努力地工作，以期得到以自己名字命名的元素。实际上，它们中的每一个都必须在巨大的粒子加速器中从无到有地制备自己的元素。

所有这3种元素——锫(97)、𬭊(105)和𫟼(110)[①]都是寿命短得可怜的实验室稀珍。那么的确能让人气得咬牙切齿的是，竟有多达4种漂亮的、稳定的元素是以瑞典的伊特比村（Ytterby）命名的，这些元素就发现在它的周围。钇(39)、铽(65)、铒(68)和镱[②]竟然在伊特比村外的同一个矿内被发现！

镱的主要用途是作为激光器的掺杂剂，它创造的色心起着储存能量的作用，其方式与铒在光纤放大器中的作用差不多，这已在铒元素的部分中描述。

我的岁数正好足够大到记得激光器作为一个新的奇异事物的年代，并且我依然将其列于那个非常短的名单里。对于这个名单里的那些装置，如果你不是目瞪口呆地敬畏于其存在，你就不会明白它们是如何工作的。

在激光器的空腔谐振器中，数量巨大的原子将它们的行动协调到只有在量子水平才能达到的完美程度：每个光子都具有完全相同的波长，并与其他光子的相位完全相同，以单一连贯的光束一起传播。这不仅仅是真正的高聚焦光，而且是一种完全不同的

光，一种只能用量子力学的绝对令人困惑的定律来解释的光。

我但愿能够只用几段文字来解释激光器是如何工作的，我真的这样想。但我花了两年时间学习微积分并参加了一到两个物理学讲座才仅仅学会如何正确地提出问题。一旦达到了这一步，所获得的答案是完全值得付出这些努力的，它是如此的深邃和美丽，并且真实到似乎能品味到它。这个以及其他许多类似的答案是学习高等数学的主要原因。数学是用来描写宇宙秘密的语言，通过对它的理解我们受到了启蒙。所以，好好做你的家庭作业，好吗？你将不虚此行。

另一方面，由于完全不同的原因，值得我们作出努力去介绍镥。

▲ 高纯度溴化镱，用于照明工业。

▶ 镱硬币。

▶ 磷钇矿矿石(YbY)PO$_4$。

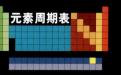

元素周期表

原子量
173.04
密度
6.570
原子半径
222pm
晶体结构

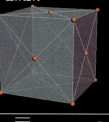

Lu

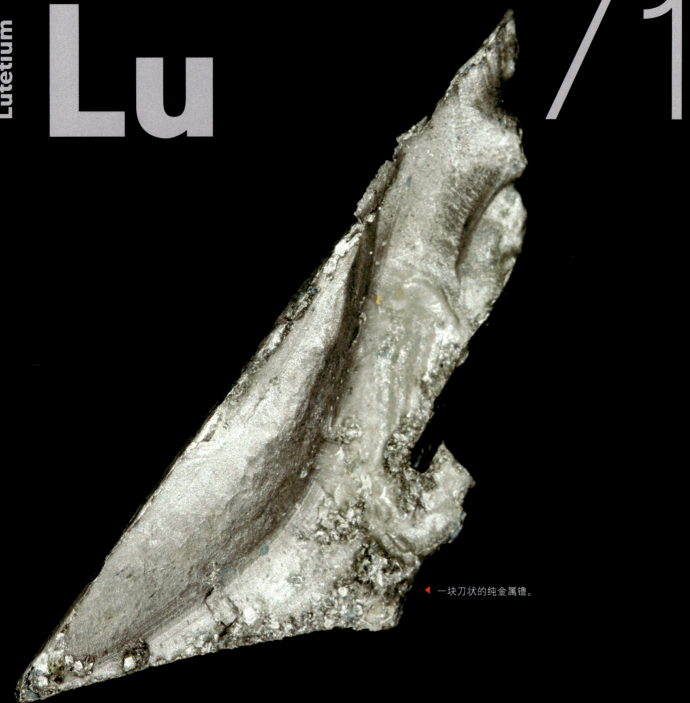

◀ 一块刀状的纯金属镥。

镥

关于镥最为精彩的事情，同时也是关于镧系稀土元素最不美妙的事情，就是镥是镧系元素家族的最后一个成员。在镥之后我们就能回到第六周期过渡金属的那个动态的、多样的世界中了，那是关于密度（第76、77号元素锇和铱）、温度（第74号元素钨）以及传奇（第79号元素金）的极致家园。但现在我们依然陷于稀土元素之中，而镥在其中又不是最为突出的。

你也许会问，为什么所有的稀土元素都如此相似，几乎完全可以互换，以至于许多年来它们的一些混合物会被认为是单个元素的纯净标本？

在某个特定元素的原子中，电子排列在同心的"电子层"内。量子力学的不可思议意味着我们不能认为电子具有确定的实际位置——它们更像是可能性的"云"，在学术上被称为概率分布。但为了便于从化学上理解，我们可以想象某些电子在靠近原子核的地方度过它们的时间，而另一些则生活在更接近外部的电子层中。

化学主要是关于最外层电子的故事。最外层具有相同数目电子的元素趋向于具有类似的化学性质。实际上，这是勾勒元素周期表的基本原理——同处于某一列的元素具有相同数目的价电子。

在周期表的绝大部分，当我们从一个元素转到与之相邻的下一个元素的时候，每次都增加一个新的价电子，从

而给予每个新元素独一无二的特性。但在稀土元素范围内，取而代之的是电子被填充到内部电子层中：从57号到71号的每一个稀土元素最外层的6s轨道大都是充满的，而深处的4f轨道则具有不同数目的电子，这只能最低程度地影响元素的化学特性。（与化学有关的东西不会那样简单。例如，钆将一个电子放在5d轨道内而不是放在4f轨道内，这使它与邻居们相比具有略微反常的化学特性和磁特性。浏览一下每一页右侧的电子填充顺序图，你就会注意到一些其他的类似的不规则现象。）

由于每一个稀土元素最外部的电子层都具有相同的结构，所以它们的化学特性都很相似。但磁特性遵循的是一套完全不同的规律，包括所有的电子而不仅仅是外层电子。所以，虽然稀土元素缺乏化学上的多样性，但这一点可以由它们充满想像力的磁特性加以弥补。

某些时候你会发现镥被描述为最贵重的元素或最贵重的稀土元素，但这一信息已经过时了。虽然镥依然不是特别便宜，但现代分离方法已经使我们能够得到合理数量的镥。虽然如此，但并非任何人都能轻易打开门就买到这种东西。当得知元素收藏是这种纯金属的较大市场之一时，我并不感到惊讶。

关于镥我没有更多可说的了，所以就让我们转到铪吧。

▲ 黑稀金矿
(Y,Ca,Ce,Lu,U,Th)(Nb,Ta,Ti)₂O₆。

▲ 如果没有其他人愿意为一种元素提供一个家，那么灯饰工业会完成这个任务。这种以最高纯度标准生产的可爱的溴化镥被用于高强度放电光源中。

▶ 纯镥的硬币，这在几十年前是无法想像的奢侈，但现如今却变成了现实。好吧，虽然并没有什么实用性，因为它不能服务于任何目的，但至少不那么昂贵了。

元素周期表

原子量
174.967
密度
9.841
原子半径
217pm
晶体结构

电子填充顺序　原子发射光谱　物质状态

Hafnium

Hf 72

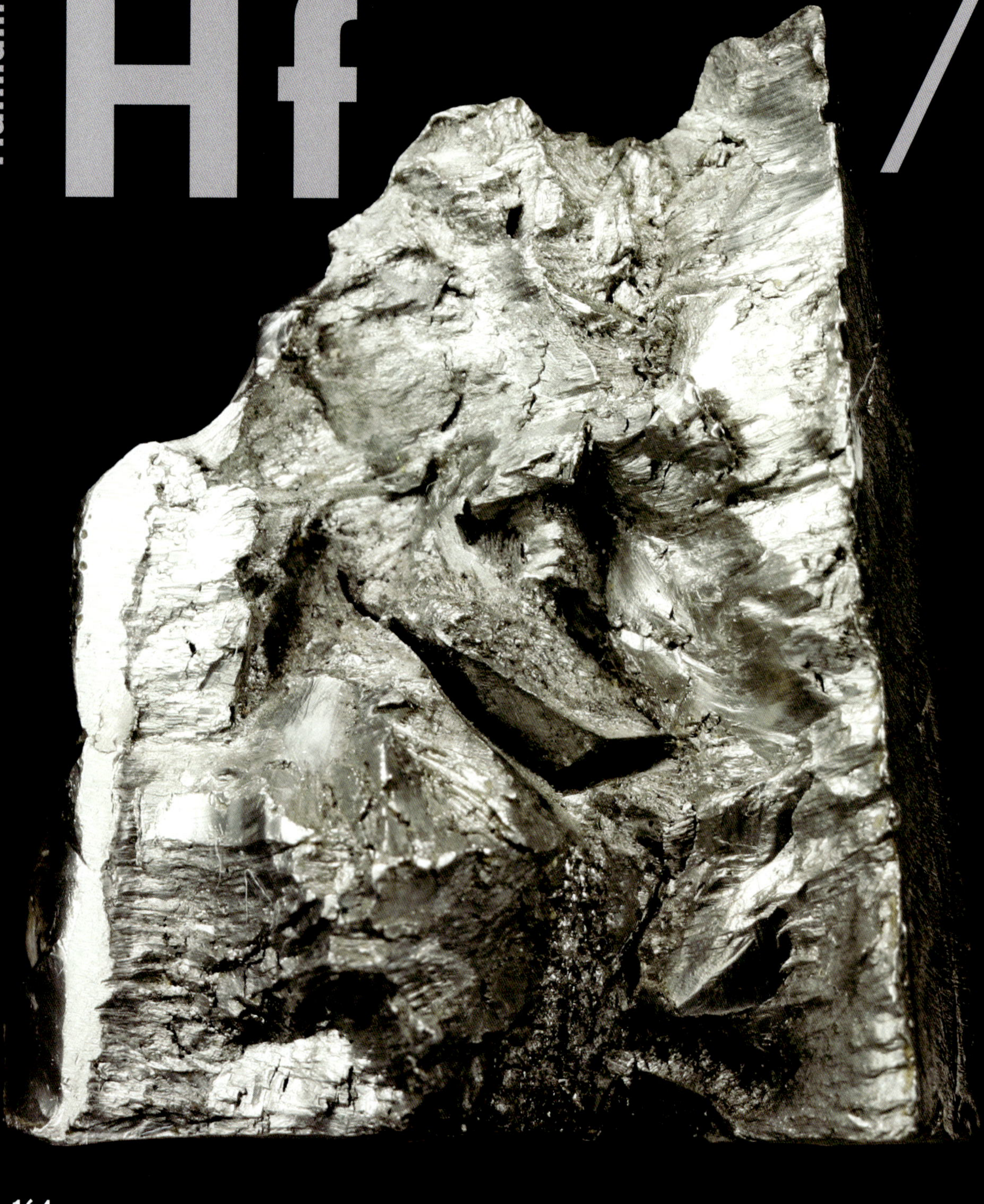

铪

铪是一位专家：它只做一件事，并做得很好。

过去，切割钢材时主要使用氧—乙炔焰，它需要两个笨重且危险的，分别装有乙炔气和氧气的钢瓶。但现在它完全可以被一种轻巧的一体式空气等离子切割机取而代之了。这种装置不再需要钢瓶，只需要普通的交流市电和无所不在的空气。

空气等离子切割机的内部主要包括一个空气压缩机、一个复杂的电子控制器以及一个电极。这个电极的主体是金属铜，但顶部镶嵌了一块很小的钮扣状纯铪。当按下开关时，空气压缩机将产生强烈的气流，而电子控制器会在铪电极上产生高温电弧从而将压缩空气电离。这样，一股高速、高温和高能的等离子气流就会冲向被切割的钢材。一旦钢材被等离子体气流加热到足够高的温度时就会熔化并

被气流吹开形成豁口，这样钢材就被切割开了。

空气等离子切割机电极的顶端之所以要镶嵌铪，就是因为纯的金属铪具有很高的熔点，即使在很高的温度下也能极好抵抗氧化，因而能长期承受电弧产生的高温环境。虽然其他一些金属也具有这种特性，但铪的独特优点是它很容易将电子释放出来使空气电离——当一束电火花离开金属表面并开始穿越空气的时候，它会吸收相当多的能量使电子从原子中挣脱出来。对铪而言这个电离过程所需的能量比较少，这使得铪电极能够在比较低的温度下工作，同时使电弧变得更热。

下面将要讲到的元素是钽。它也和切割金属有联系吗？对，因为等离子切割机中的电子控制器电路中肯定使用了用钽制作的电容器。

▶ 碳化铪是已知熔点最高的化合物。这是用碳化铪制造的钻头镶嵌块。

▲ 纯金属铪。

▶ 高纯度晶体铪。

▼ 这是空气等离子切割机使用的电极，其顶端镶嵌了一块钮扣状的铪。

▲ 铪锆石矿矿石，$HfZrSiO_4$。

▶ 用阳极电镀法可以使金属铪的表面呈现出美丽的颜色，就像这个有电影《星际迷航》主角史波克头像的戏铸币那样。

▲ 由铪电极释放的等离子体气流将钢板烧成了一束闪耀的火花。

◀ 这张照片显示了一块巨大的高纯度铪晶体棒的内表面。它来自俄罗斯，是采用碘化物热分解法，即范阿克耳（Van Akel）法生产的。在制备过程中，碘化铪蒸气在一条电热丝上被分解。

元素周期表

原子量
178.49
密度
13.310
原子半径
208pm
晶体结构

电子填充顺序
1s2s 2p 3s 3p 3d 4s 4p 4d 4f 5s 5p 5d 6s 6p 6d 7s 7p

原子发射光谱

物质状态

165

Ta

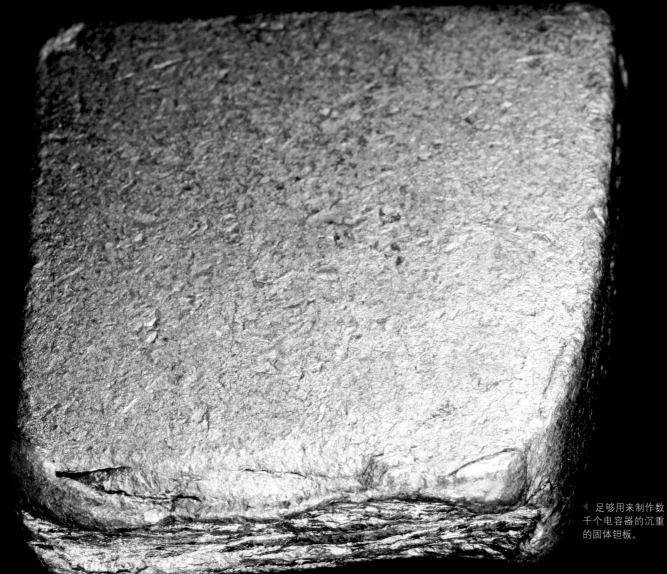

◀ 足够用来制作数千个电容器的沉重的固体钽板。

钽

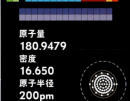

钽是两种遭到有组织抵制的元素之一。人们之所以敦促抵制另一种元素——碳(6)是由于"血钻"贸易为钻石开采地区肮脏的内战提供了支持。钽由于相似的原因遭到反对，另一个原因是，对钽矿所在地区的开采危及了大猩猩的生存。为了资助游击战争而导致大猩猩的死亡，而这一切都是由于钽。

该如何抵制一种像钽那样知名度甚低的元素呢？手机！钽的用途并非只是如其知名度一样那么有限。除手机外、计算机、会说话的玩偶、医疗器材、收音机、电子游戏机——差不多每一种使用了数字电路的电子设备中都使用了钽电容器。

与其他种类的电容器相比，钽电容器具有寿命长、耐高温、准确度高、滤高频谐波性能极好的优点。数字电路会产生大量的高频电子噪波，这些噪波会通过电流和信号接头从一条电路泄漏到另一条电路。钽电容器对于在这些噪波脉冲造成麻烦之前将它们吸收或减弱方面特别有效。

所以，为了抵制钽，你需要做的就是必须抵制从1982年以来发明的几乎所有东西。

如果不是由于钨(74)，你可能还需要抵制灯泡。在白炽灯的早期历史中，可在市场上买到钽丝的灯泡。实际上，在豪华游轮泰坦尼克号的广告中，许多精心进行的技术改进之一就是它使用了比旧式的碳丝灯泡可靠得多的钽丝。这样，泰坦尼克号的彻夜灯火就可以真正长留于夜空。

但当能够用最好的(幸运的是，同时也是最后一种)白炽灯灯丝材料——钨来生产钨丝时，早期所有的灯丝材料——包括碳、钽、锇(76)，甚至还有铂(78)——都被扔到了一边。

▲ 用钽粉压制的电容器芯。

▼ 普通的钽电容器。

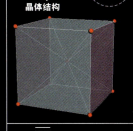

▲ 钽蒸发槽。

▼ 钽制颅骨板。

元素周期表

原子量
180.9479
密度
16.650
原子半径
200pm
晶体结构

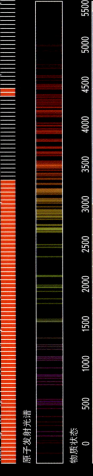

电子填充顺序

原子发射光谱

物质状态

▲ 钨白炽灯的灯
丝，希望它很快成
为古老的纪念品。

钨

钨弹在许多方面优于铅弹，并且对环境的危害比较小。

元素周期表

原子量
183.84
密度
19.250
原子半径
193pm
晶体结构

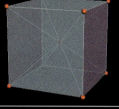

钨主要与一种用途有关：效率奇低的白炽灯泡。这种可怜的创造物通过用电加热一根极细的金属丝，使它发出又黄又热的光。钨是在极高温度下最为坚强的金属，并且十分便宜，这使它成为针对这一用途的最佳选择。

但钨的所谓最佳离足够好还差得很远。一个典型的白炽灯泡只能将它所消耗的电能的10%转化为可见光，另外90%则以热和红外线的形式被浪费掉了。我们大概可以把它称为一个碰巧能产生少量作为副产品的光的电加热器。除非用它来加热鸡舍，白炽灯泡不是好东西。

如果光才是你真正要的东西，那现在你能得到一种更为优秀的代用品——紧凑型荧光灯，其能效数倍于白炽灯且使用寿命是它的十几甚至20倍。如果你家里还有钨丝灯泡，那么，为了拯救这颗行星，请马上将它们扔掉！每安装一个价值2美元的紧凑型荧光灯所节省的电等于减少了1000磅以上的二氧化碳排放量，并且它发出的光更为悦目，而不是像钨丝灯泡发出的那种令人感到压抑的黄光。

虽然在灯泡中继续使用钨是一件令人厌恶的事，但碳化钨在切割工具及其他需要保持锋利的东西上有着广泛和极佳的用途。它比金刚石更加坚韧（更能抗碎裂），并且比钢硬得多，能很好地对许多材料进行加工。

从钨开始一直到金(79)的元素都具有很大的密度；实际上锇(76)和铱(77)是所有元素中密度最大的。但钨的价格只有它们的1%左右，是最为便宜的，这意味着钨可用于要求体积很小但重量很重的场合，包括砝码、钓鱼竿的坠子、飞镖、狗的耳坠（我是认真的哦）、铅球等。

随着铼我们进入了贵重金属的领域并开始迈向金属的巅峰——金的最终旅程。

碳化钨是制造钻头镶嵌块最常用的材料。

钨的密度使它在这支飞镖上起着一个紧凑的空气动力平衡器的作用。

嵌有碳化钨刀头的巨大的孔槽切割轮。

古老的钨丝灯泡。

钨
74

▲ 刻面钨钢（碳化钨）戒指已经越来越普遍了。由于碳化钨不能用一般的工具切割，加工者开发了一种新方法来除去多余的部分：用一对大力钳将其掰开。

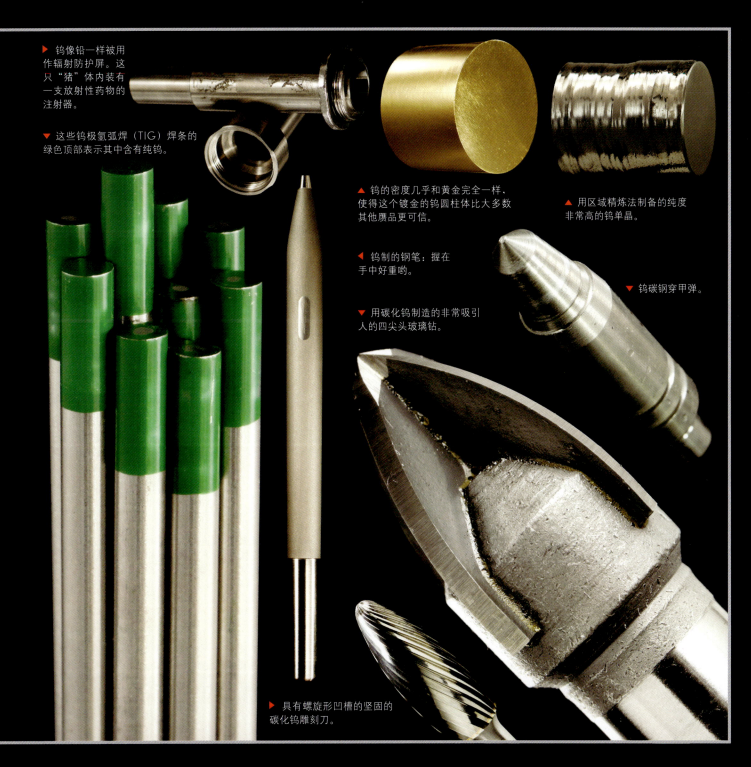

▶ 钨像铅一样被用作辐射防护屏。这只"猪"体内装有一支放射性药物的注射器。

▼ 这些钨极氩弧焊（TIG）焊条的绿色顶部表示其中含有纯钨。

▲ 钨的密度几乎和黄金完全一样，使得这个镀金的钨圆柱体比大多数其他赝品更可信。

◀ 钨制的钢笔：握在手中好重哟。

▼ 用碳化钨制造的非常吸引人的四尖头玻璃钻。

▲ 用区域精炼法制备的纯度非常高的钨单晶。

▼ 钨碳钢穿甲弹。

▶ 具有螺旋形凹槽的坚固的碳化钨雕刻刀。

Re

75

◀ 1磅纯铼——相当值钱的东西，
其价格取决于当前的市场价。

①小川正孝（1865—1930），日本化学家。

铼

铼是我们发现的最后一个稳定元素，是1925年在德国发现的。它其实可能早在1908年就已经被日本人小川正孝[①]发现并命名为nipponium——如果小川不是认为并宣布他所发现的是在周期表中恰好位于铼上方的那个现在我们称之为锝的43号元素的话。

在元素周期表同一列中的元素会有许多共同的化学特性，因此，当小川发现了一个看上去与锰(25)很相似但却更重的元素时，他很有理由假定那一定是43号元素，在元素周期表的正确位置上的一个广为人知的空白。不幸的是，他错了。真正的43号元素锝是自然界中并不存在的放射性元素——这在1908年是猜想不到的。

铼被发现后很多年，人们才有办法生产具有商业价值数量的铼，并且这种材料至今依然很昂贵（我的意思是每盎司要好几百美元），这是由它的稀缺性造成的。

大部分铼用于生产制造战斗机的喷气发动机涡轮叶片的镍铁超合金。用来制造这种最新型的涡轮叶片的最新式单晶超合金含有大约6%的铼。即使生产的喷气战斗机不是很多，它们依然消耗了全球铼年产量的3/4。

摄影用的一次性闪光灯泡一般用锆(40)纤维填充，而老式广告经常吹嘘它们有"铼点火器"而对锆却提都不提。可能那些广告想要告诉我们它们有电子点火器（钨铼灯丝）而不是

其他型号闪光灯中的那种撞击爆炸型点火器，尤其是能让一些老一辈的人愉快地回忆起他们的柯达傻瓜相机里的通用电气公司的MagicCubes牌闪光灯不需要电池：快速敲击一根连接在快门掣上的杆棒，可通过机械原理将其激发，而使用铼点火器的产品则需要电信号。

而另一种老式的工具自来水笔会用到下面的两个元素：锇和铱。

▲ 这是用铼粉压制的钮扣状铼块，它将在吹氩电弧炉中被熔化成金属珠。

◀ 罕见的硫铼矿矿石（硫化铼）。

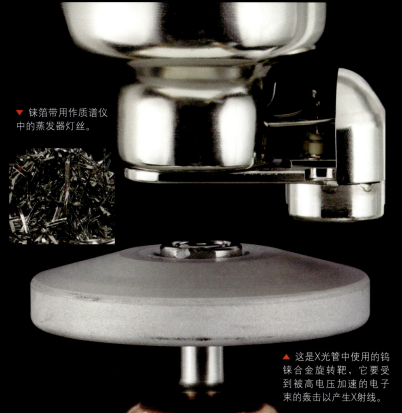

▼ 铼箔带用作质谱仪中的蒸发器灯丝。

▲ 这是X光管中使用的钨铼合金旋转靶，它要受到被高电压加速的电子束的轰击以产生X射线。

元素周期表

原子量
186.207
密度
21.020
原子半径
188pm
晶体结构

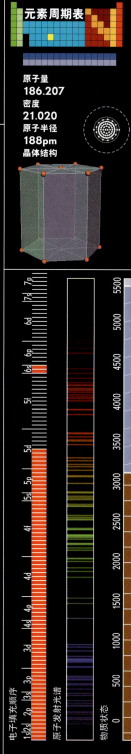

▲ 具有最为优雅的蓝色光芒的单颗锇珠

锇

锇几乎就能加入那个由铜（29）和金（79）组成的"不是灰色或银色"金属的超短的名单中（铯也是银灰色的，但大部分不够纯而显金黄色），但它那淡淡的浅蓝色是如此微弱，以至于你必须努力说服自己觉得确实看到它了。但它基本上不过是另一种银色金属而已。它不仅仅是另一种银色金属。锇至少和铼（75）一样贵重，并且在布氏硬度计（在一定的推力下，测量一个球能穿透一种材料的程度）上，锇是最硬的金属（不是最硬的材料，不是最硬的元素，而是最硬的纯金属）。

锇经常与铱（77）一起以一种被称为铱锇矿的非常罕见但天然形成的合金形式被发现。这种具有非同寻常硬度和耐磨性的金属在几代人之前就已经用在每一个家庭中都能找到的许多用途上，并且今天依然如此。这些用途包括自来水笔的笔尖和唱机的唱针头。这些部件的尖端有一粒微小的铱锇合金钮，目的是防止长时间使用导致磨损，这就是对这类昂贵的混合物的全部需求。

与元素周期表这一区域中金属的抗氧化性相比多少有些不寻常的是，金属锇的细微粉末在空气中会缓慢氧化，形成四氧化锇。对于重金属氧化物而言更为不寻常的是，四氧化锇是挥发性的，在室温下会升华为高毒性的蒸气。据说它闻上去有点像臭氧，但是在比可以闻到的浓度低得多的浓度下它就能致命或致盲，因此这方面的信息显得粗略就不足为怪了。

除了挥发性、高毒性和高价格以外，四氧化锇还有你可能想像不到的用途——给电子显微镜的细小样本染色，以及在化学合成中作为试剂。

还有另一个原因使锇显得特别，即它是所有元素中密度最大的。我把这个事实放在最后，是因为无论你查阅任何参考资料，无论是网上的还是书上的，你都会找到不同的答案。但那些都是错的，密度最大的元素不是铱。

► 尖端镶锇的唱针头。

▲ 这种尖端上镶锇的唱针头的包装骄傲地宣称这种金属有多硬。

▲ 直射光照射下的锇珠显示独特的淡蓝色光芒。

▲ 四氧化锇晶体具有危险的毒性，必须保存在密封的玻璃安瓿中。

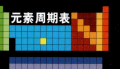
元素周期表

原子量
190.23
密度
22.59
原子半径
185pm
晶体结构

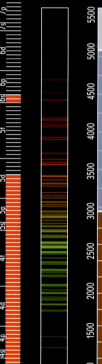

▲ 铱极其难以熔化。这个团块只是被大约半熔化而形成的，所以才有这么奇怪的外形。

铱

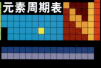

原子量
192.217
密度
22.56
原子半径
180pm
晶体结构

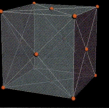

最广为引用的铱的密度值是22.65g/cm³，而锇(76)的密度则是22.61g/cm³，这使得铱成为密度最大的元素。但这些数字是完全错误的。正确的数值应该是锇的密度为22.59g/cm³，铱的密度为22.56g/cm³，这使得密度最大元素的头衔被授予了锇而不是铱，虽然两者的差距只有大约千分之一。

你可能认为只要经过仔细的测量，密度值是一个容易解决的问题。但是，当人们谈论一种元素的密度时，他们所指的是这种元素的绝对纯净样品的完美单晶的密度。

当然，制备这种理想化的样品是不可能的，在某些情况下甚至接近它也是非常困难的。一个更加精确的方法是用X射线晶体学的方法来测量含有微小完美晶体的样品中原子之间的间隔。如果你知道每个原子的间隔和质量，你就能计算出一个任何尺寸的完美晶体的质量，从而能计算出理想化的密度。

问题在于当初这么做的时候得到的锇和铱的原子量数值是错误的。如今那些原子量已经被更正很久了，但却没有人曾经费心将密度重新计算一下。所有参考资料所做的只是把错误的数值反复地相互复制了70年之久。

这种状况如此长时间地未得到更正的原因在于，除了那些写学术报告的学生，这些数值极少被人使用。你可能永远不会拥有密度和理论值相等的锇或铱的真实标本。要做到与理论值只相差几个百分点都是相当困难的。不完美的熔化、冷却中产生的孔隙，以及所含的杂质都会使体积增大，从而降低密度。所以，实际上任何元素的理论密度只在理论上有人感兴趣。

由于价格高昂，大多数情况下铱只用在有极小需求量的地方。例如，某些高级的汽车火花塞顶端带有微量的铱，从而可以持续使用长达十万英里的车程，这比那些传统的火花塞要长得多。

但铱的最大用途是与它那更广为人知的邻居——铂一起被用于合金中。

▼ 氧化钍/铱离子源。

◄ 纯铱金属珠具有不可思议的光泽。

▶ 一根细小的铱合金线使这个火花塞可以持续使用长达十万英里。

▲ 一个存在于全世界范围内的富含铱的黏土薄层标志着白垩纪和三叠纪之间的分界。这些铱来源于6500万年前使恐龙全军覆没的那个巨大的小行星。

电子填充顺序
7s 7p
6d
6s 6p
5f
5d
4f
5s 5p
4d
4s 4p
3d
3s 3p
2s 2p
1s

原子发射光谱

物质状态

5500
5000
4500
4000
3500
3000
2500
2000
1500
1000
500

◀ 看上去像蚊帐但实际上是用
纯铂丝制作的金属网，它是供实
验室而非家庭使用的。

铂

历史上，铂是最具声望的元素。当然，金是伟大的，但铂总是比它更好。信用金卡？和白金卡相比就算不上什么了。地壳内铂的含量比其他的铂族金属如铑(45)、锇(76)、铱(77)甚至金(79)都更为丰富，但由于需求量大，它的价格明显更为高昂。

铂在实验室和工业上是如此重要，以至于尽管其价格绝对惊人，但你依然可以购买到诸如纯铂制的碗、坩埚、滤光片夹座以及电极等东西。铂具有比其他金属更强的抗强酸和耐高温的特性——你可以将几乎任何东西扔向它而不会产生一点点斑痕。

和它的抗腐蚀性同样重要的是铂催化化学反应的能力，例如那些将原油精炼为汽油的极其重要的反应。（任何用于石油精炼的东西都会自动形成一种巨大的商业。）在其生命周期的末端，石油产品经常会再次遇到铂——那是在全世界的汽油动力车辆和柴油动力汽车的催化转化器中。在铂的协助下，尾气中未燃烧的碳氢化合物被氧化为二氧化碳和水。

所有计量的基本单位，例如时间（参见55号元素铯）和距离（参见36号元素氪），都是通过用任何人都能测量的物质的基本特性来定义的——除了一个例外。质量是通过国际千克原型器定义的，那是一个铂制的圆柱体（含10%的铱），它制于1879年，保存在巴黎的一间特殊的房间里。这个圆柱体具有定义上的1千克质量。

这不是一个非常好的定义。在圆柱体被清洁和搬运后，通常会导致重量的改变，并且据知已经有十毫克的漂移——最终有必要发展一种更好的定义方法。最有可能的是，千克将以确定数量的某种元素的原子，或是通过某一受到精确控制的电流所产生的磁力来定义。

铂首饰存在的问题是它看上去与银(47)、钯(46)甚至更低端的铬(24)实在太像了——简而言之，它闪耀着银白的光芒，和几乎其他每一种金属都一样。如果我打算花大价钱购买某种围绕着我的手指的金属小块，那么我至少希望它能有一点儿颜色，而这就不可避免地引导我们去了解金元素。

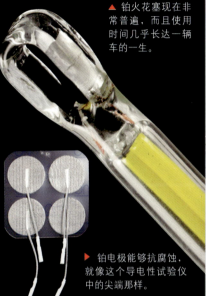

▲ 铂火花塞现在非常普遍，而且使用时间几乎长达一辆车的一生。

▶ 铂电极能够抗腐蚀，就像这个导电性试验仪中的尖端那样。

▲ 用来将医疗用电脉传输到皮肤上的电极也可以用镀铂的导线制造。

▼ 小型的锥形铂过滤器，一个极端昂贵的实验室用具的例子。

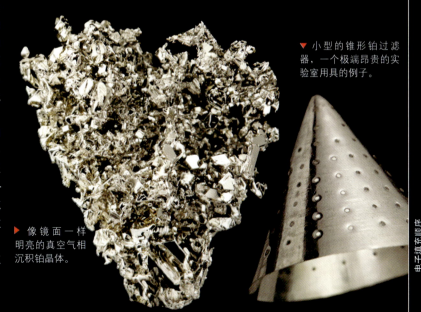

▶ 像镜面一样明亮的真空气相沉积铂晶体。

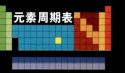

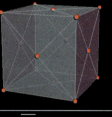

◀ 这块1盎司的天然纯金块是在1890年由马里昂（Hogamorth Marion）在阿拉斯加发现的，当时他正在向因纽特人推销鞋子的旅途中。我这样说可是认真的哟。

①King Tutankhamun（约公元前1341—约公元前1322），古埃及新王国时期的法老。他的木乃伊于1922年出土时，其著名的黄金面具重约10.23千克。

金

黄金是金本位制的标准。铑（45）也许更有价值，但没有人像渴求金那样渴求铑。只有碳（6）以钻石的形态能激起相同的欲望，但钻石的生命是暂短的，很容易因加热而破坏，并且当人们可以人工合成大块的钻石时，它将会很快变得不值钱。

钻石只是一个骗局，但黄金是真实的东西，完全经得起它所激起的那种崇拜。

黄金与生俱来就是尊贵的。它的储量很小——人类历史上已经开采的所有黄金可以用一个边长约为60英尺的立方体来容纳。（因此，如果你遇见一个傻瓜，他建议将我们的货币回归到金本位，你就可以向他指出，根据现行价格，这些黄金只值几万亿美元，明显少于流通的货币量。这就是说，没有足够的黄金用来流通。）

黄金具有无可争辩的美丽。在所有金属中，它是唯一既有颜色又能永远保持它的光芒和美丽的金属。当你发现一块在地里已经躺了几百万年的

黄金，把它拣起来，掸去上面的尘埃时，你会看见它依旧为你闪亮，好像它所有的漫长等待都是为了这一刻。从现在起数十亿年后，当外星人在我们的太阳爆炸前来到地球拯救最后的艺术品时，图坦卡蒙法老[①]的纯金面具将会像今天一样闪亮——一如它在3300年前崭新时那样。不肤浅、不短暂，黄金的美丽是根植于它那独特的原子结构之内的。

金是非常有用的。它是电的优良导体并且绝对不会生锈，这使它成为电气触头的最佳材料。在导体仅通过接触来连接两个电路的地方，每个表面上的任何锈蚀都会切断连接。用于电子器件的黄金是如此之多，以至于将这些电子器件回收并提取出黄金成了一门大生意。

远在那些赞美的话语存在之前，金就使我们着迷和激励着我们。另一种完全不同的元素也几乎同样引起惊愕和痴迷，那就是古人称之为活跃的或是"敏捷的"银的元素——汞。

▼ "希利金（Healey Gold）"通过使用铀的电镀工艺来制造，但在成品中不会留下放射性。

▶ 金涂料可以含有真的金箔，也可以不含，取决于它的年代和价格。

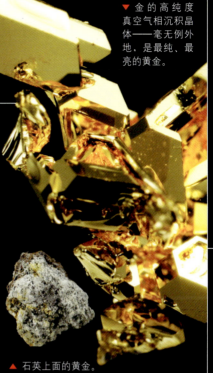

▼ 金的高纯度真空气相沉积晶体——毫无例外地，是最纯、最亮的黄金。

▼ 石英上面的黄金。

▼ 超市中的廉价首饰可以镀上一层薄薄的真金，这使它们看上去和纯金首饰一样美丽。

元素周期表

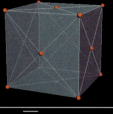

原子量
196.96655
密度
19.3
原子半径
174pm
晶体结构

电子填充顺序
1s 2s 2p 3s 3p 3d 4s 4p 4d 5s 5p 4f 5d 6s 6p 7s 7p

原子发射光谱

物质状态

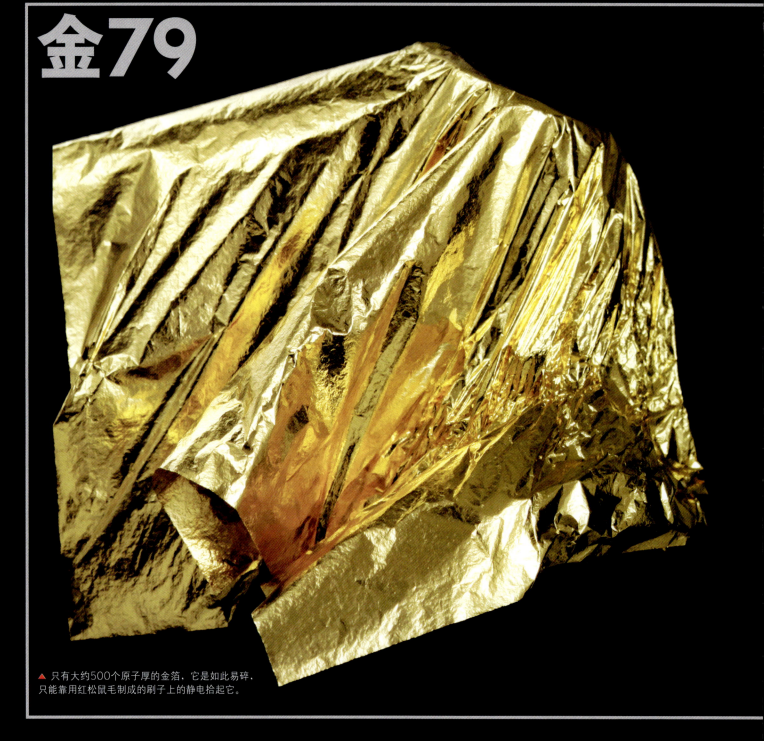

金79

▲ 只有大约500个原子厚的金箔，它是如此易碎，只能靠用红松鼠毛制成的刷子上的静电拾起它。

▼ 那些认为标价超高的镀金部件能够改善音质的音响发烧友通常是错的。

▶ 用旧了的1891年制于美国内华达州卡森市的金币。

◀ 用3盎司以上纯金制造的金条。

▶ 用来封装芯片的美丽的镀金电路板。

▲ 抗锈蚀的镀金插接件。

▲ "亮闪闪"是唯一能够精确形容这个巨大的廉价镀金项链的词。

▶ 纯金熔锭。

▶ 黄金镜子可反射红外光。

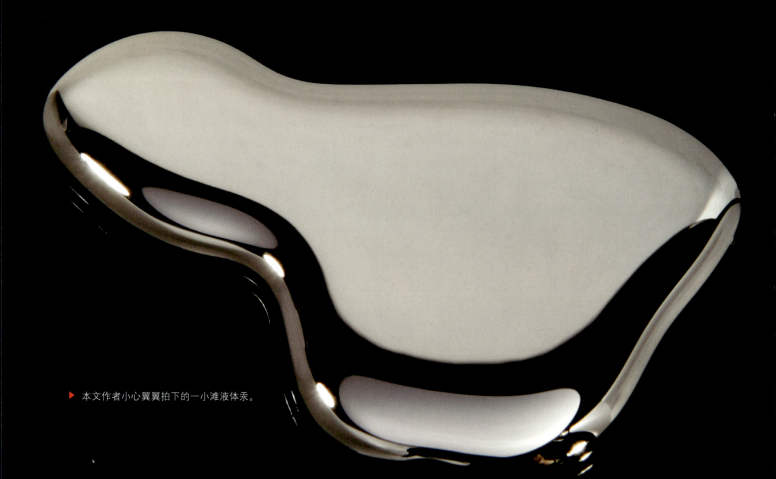

Mercury

Hg

80

▶ 本文作者小心翼翼拍下的一小滩液体汞。

汞

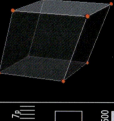

▶ 用于恒温装置的水银温度控制开关。当水银的液面上升与第二根导线接触时，加热器就会自动关闭。

在西班牙阿尔玛丹的古老矿区里，液体汞（俗称水银）的的确确从岩洞的壁上滴下。在不存在可以理解它的知识框架或者不知道它的来龙去脉的时候，这种液体的金属看上去必然显得那么神奇。

噢，那真是废话！无论你对它了解多少，汞在今天也是完全一样的不可思议。你了解得越多，它越是显得神奇。我得到了足够装满一只色拉碗的汞，这使得我能够在那里面将一枚小炮弹漂浮起来，或是（戴着橡皮手套）感受一下那里面几英寸深度下作用在我手指上的难以置信的压力。甚至铅(82)也能够浮在汞上——当你拿起一瓶汞的时候，你首先注意到的是那不可思议的沉重。拥有更多汞的人们，如阿尔玛丹的那些矿工，能够让他们自己漂浮在汞上。打算在一池子汞中洗个澡的人会只下沉几英寸，实际上是坐在汞的表面上。

但一种液体金属真的是那么令人吃惊吗？归根结底，如果你将任何金属加热到足够的温度，它都会变成液体。这就是为什么你能用模具铸造铅（82）和铁(26)。汞实际上完全是一种普通的金属，只是碰巧被移到了与众不同的温度范围内而已。非常确定的是，如果将汞在液氮中冷却，它就会变成一种与锡很相似的坚硬的，有延展性的金属。

关于汞的悲剧性事情是它的毒性是如此之高。数千年来它作为一种神奇的东西被玩弄、被试验，并被使用在任何它看上去能够用到的地方。但在所有那些个时候，它都阴险地、缓慢地、不知不觉地毒害着与之接触的每一个人，损害他的中枢神经系统并最终导致发疯。汞是所有毒药中最坏的一种——是毒害已经发生了好几年你还没有注意到的那种。无怪乎人们用了几个世纪才把那些伤害事实的碎片拼凑在一起并找出真相。

现在我们知道，汞（尤其是以像甲基汞这样的有机化合物的形式)进入食物链并在那里停留，在越来越大的动物体内逐步聚集和浓缩，直至到达金枪鱼体内。

从接触它到症状出现之间的延迟使得我们在数百年中无法注意到汞的毒性。铊的毒性也在相当长时间内没有人注意到，虽然它起作用的速度要快得多。

▲ 汞会在巨大、肥胖的海洋动物（如金枪鱼）体内聚集起来。

▼ 即使算不上是最令人愉快的灯光，汞蒸气灯仍然是高效的灯具。

▲ 用来保存牙科用汞的陶瓷瓶。可别掉落它哦！

◀ 朱砂颜料中的色素是硫化汞。

▶ 用冻结成固态的汞制作的鱼。

▶ 由于对环境的关切，几乎在电池中停止使用汞。

元素周期表

原子量
200.59
密度
13.534
原子半径
171pm
晶体结构

电子填充顺序
1s 2s 3s 2p 3s 3p 4s 3d 4p 5s 4d 5p 6s 4f 5d 6p 7s 5f 6d 7p

原子发射光谱

物质状态

0 500 1000 1500 2000 2500 3000 3500 4000 4500 5000 5500

185

▲ 一块巨大的铊金属，由于
它能够毒死成百上千的人，
因此要保存在保险箱里。

铊

铊是排在砷（33）之后的第一种剧毒元素。的确，硒（34）、镉（48）、汞（80）以及另外一些元素对我们的身体也有害，但它们不会立刻置人于死地。换句话说，与铊不同，它们中没有一个是令人满意的谋杀武器。

对某人下毒却能逍遥法外的技巧在于找到一种新的毒药，它造成的症状无人能够识别并且不知道如何检测。如果杀手的运气好，人们甚至可能都没有意识到一场谋杀已被付诸实施了。（不可否认，在一百年前做到这一点要容易得多，那时候不明原因的死亡很普通。）

砷本身由于作为谋杀武器的成功而成为牺牲品。它如此广泛地被用作"继承权粉末"[①]，因而由它引起的症状变得广为人知。1836年发展起来的一种灵敏的化学检测方法使得砷作为神秘毒药的用途开始走向尽头。

另一方面，铊在长得多的时间里隐藏潜伏着。最著名的铊谋杀案发生于20世纪50年代，但直至今日，无论是蓄意策划的还是意外的铊中毒案件都还时不时地使警方感到困惑。通过检测来证明被害人体内存在铊当然是可行的，但警方在想到检测它之前必须先怀疑它，并且在很多案例中调查人员需要花费几个月甚至几年的时间才能将所有的疑点拼凑在一起。

如果想知道自己是否成为铊中毒的牺牲品，那么症状包括恶心、脱发、精神错乱以及腹痛——你会注意到，每一种症状都可能出现于其他上百种疾病中。

要检测铅谋杀的标志通常就容易得多。

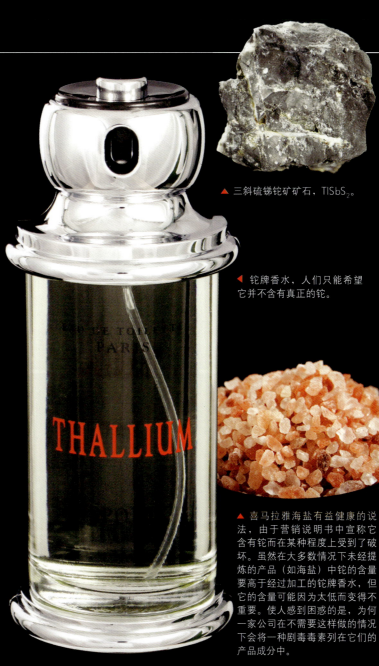

元素周期表

原子量
204.3833
密度
11.850
原子半径
156pm
晶体结构

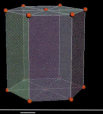

▲ 三斜硫锑铊矿矿石，TlSbS$_2$。

◀ 铊牌香水，人们只能希望它并不含有真正的铊。

▲ 喜马拉雅海盐有益健康的说法，由于营销说明书中宣称它含有铊而在某种程度上受到了破坏。虽然在大多数情况下未经提炼的产品（如海盐）中铊的含量要高于经过加工的铊牌香水，但它的含量可能因为太低而变得不重要。使人感到困惑的是，为何一家公司在不需要这样做的情况下会将一种剧毒毒素列在它们的产品成分中。

THALLIUM

电子填充顺序　原子发射光谱　物质状态

▶ 由管子工学徒通过锤打铅片制造的一个奇妙的六口部件，它给师傅留下了深刻的印象。

① 名为Cluedo(在北美称为Clue)的博智桌面游戏始创于20世纪40年代的英国。游戏使用各种象征性武器或工具进行博弈。本文所说的Clue: a lead pipe使用铅管为武器。详见维基百科。

铅

当从枪管中被射出的时候，少至两克的铅就成了致命的剂量。

由于密度大，能在很小的空间内充入很大的质量，从而减小空气阻力，铅成了制造子弹的优选金属。同时铅足够软，能够紧贴枪管却不会刮伤或卡住枪管。人们通常认为铅的密度极高，但实际上它的密度只有锇（76）或铱（77）的一半，但把这些金属用来造子弹，即使是对美国军队来说也太昂贵了。但钨（74）和贫化铀（92）的密度比铅高75%，并且足够廉价，因而能用于制造特殊的穿甲弹。（这将在铀这一部分中介绍。）

另一种年代久远的铅谋杀方法通过一个名叫"Clue: a lead pipe"的博智桌面游戏[①]而广为流传。现代人听起来可能感到奇特——我们现在使用铸铁（26）、铜（29）和塑料制造家用管道——但过去两千年来铅管曾经是标准规范。

铅排水管在古罗马时代就已在罗马城中使用。我并不是说他们已将那种水管用了两千年，我的意思是完全一样的水管在那里已经存在两千年了——实际上它们会永远存在下去。铅是制造水管的理想材料，因为它非常柔软，能被敲打成薄片，然后通过将其锤打到一起来整合成水管。而管子上的漏洞可通过稍微锤打几下或是滴入融化的铅来加以弥补。铅的熔点低到可以用木材的火焰很容易地将其熔化。在

▶ 铅"猪"为放射性的药物提供了屏蔽。

过去的战争中就经常从城堡的防御工事里向敌人泼洒熔化的铅。

考虑到我们在前面几种元素中谈论了那么多毒药的问题，所以铅也有毒就不令人惊奇了。实际上，那是一种典型的重金属毒药，它与汞（80）一样要对当代的某些最严重的环境污染负责。感谢老天，铅已经不再作为发动机性能提升剂被添加到汽油里了。

令人惊奇的是，在这一行的三个最糟糕的重金属毒药之后，我们将谈到铋，人们喝下大量的铋来安抚那翻江倒海的胃。

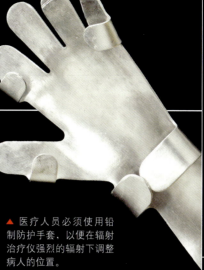

▲ 医疗人员必须使用铅制防护手套，以便在辐射治疗仪强烈的辐射下调整病人的位置。

▶ 古老的铅制吸烟管。

◀ 在枪炮发明之前铅制子弹就已经被使用——上面是美国南北战争时期使用的来福枪和毛瑟枪的子弹，而左面的是古罗马时期的投石器炮弹。

▲ 铅管，传统的铅制工艺产品之一。

▶ 铅制子弹丝毫不顾及环境因素，依然从天而降。

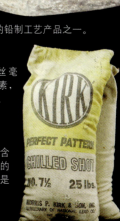

◀ 铅玻璃通常含有20% 30%的铅，然而它还是完全透明的。

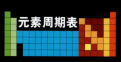

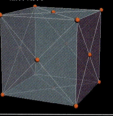

元素周期表

原子量
207.2
密度
11.340
原子半径
154pm
晶体结构

电子填充顺序
1s[2s] 2p [3s] 3p 4s[4p] 3d 4d 4f 5s 5p 5d 6s[6p] 4f 5f 6d 7s[7p]

原子发射光谱

物质状态

500 1000 1500 2000 2500 3000 3500 4000 4500 5000 5500

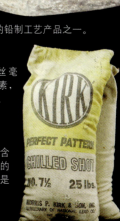

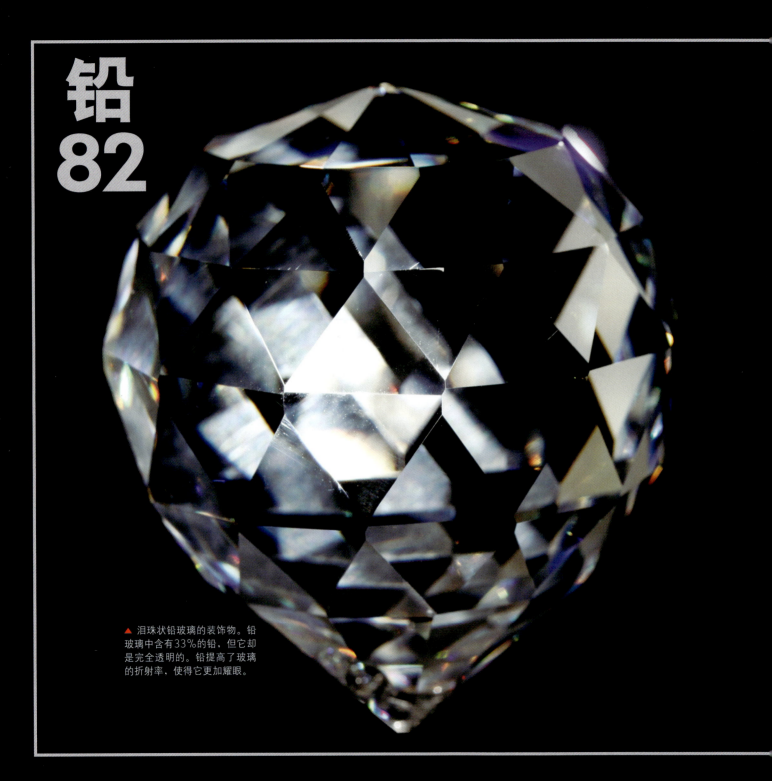

铅
82

▲ 泪珠状铅玻璃的装饰物。铅玻璃中含有33％的铅，但它却是完全透明的。铅提高了玻璃的折射率，使得它更加耀眼。

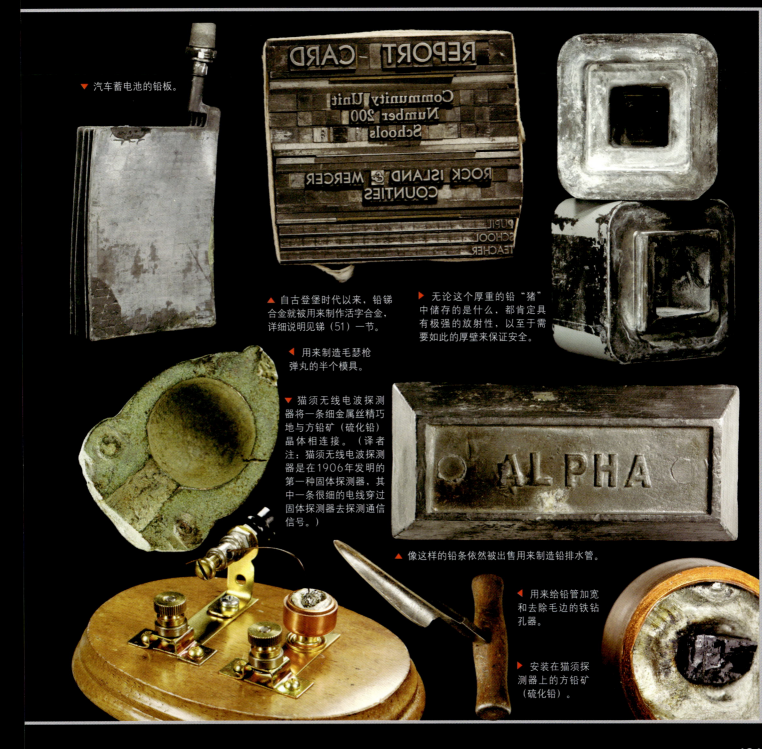

▼ 汽车蓄电池的铅板。

▲ 自古登堡时代以来，铅锑合金就被用来制作活字合金，详细说明见锑（51）一节。

▶ 无论这个厚重的铅"猪"中储存的是什么，都肯定具有极强的放射性，以至于需要如此的厚壁来保证安全。

◀ 用来制造毛瑟枪弹丸的半个模具。

▼ 猫须无线电波探测器将一条细金属丝精巧地与方铅矿（硫化铅）晶体相连接。（译者注：猫须无线电波探测器是在1906年发明的第一种固体探测器，其中一条很细的电线穿过固体探测器去探测通信信号。）

▲ 像这样的铅条依然被出售用来制造铅排水管。

◀ 用来给铅管加宽和去除毛边的铁钻孔器。

▶ 安装在猫须探测器上的方铅矿（硫化铅）。

Bi

83

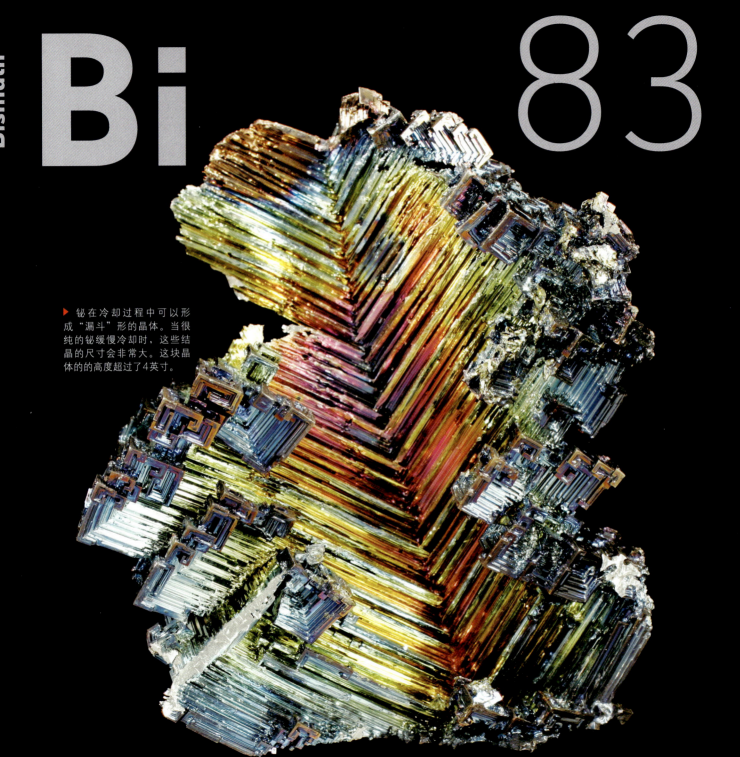

▶ 铋在冷却过程中可以形成"漏斗"形的晶体。当很纯的铋缓慢冷却时，这些结晶的尺寸会非常大。这块晶体的的高度超过了4英寸。

铋

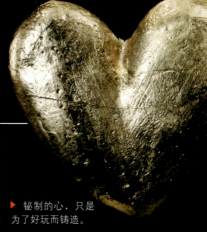

治疗胃病的佩托比斯摩（Pepto-Bismol）的有效成分是碱式水杨酸铋，它含有57%的铋。想一想以下的情况你就会觉得着实奇怪：位于铋左侧的元素是铅（82），它的毒性如此之高以至于整个玩具制造业都在开动脑筋要淘汰掉它；而它右侧的钋（84）则具有致命的放射性，近来一些俄罗斯人曾用它来除掉那些令他们感到不快的人。

尽管铋坐落在两种有毒的重金属的正中间，但据我们所知，铋的金属形态是完全无毒的。（如果你摄入足够的可溶性铋盐，的确会产生一些副作用，例如你的牙龈会发黑，但这种情况是极其罕见的。）

铋是我们知道的最后一个稳定元素：任何超过83号的元素都没有一种稳定的同位素。但铋只具有文字意义上的稳定。在这一点上，我的意思是每一个人都认为它是稳定的，而对于实际应用的目的而言也可以说它是

稳定的，但严格地说铋也没有稳定的同位素。在理论计算的基础上，人们认为"稳定的"同位素铋-209其实不稳定已经有些年了，但直到2003年它的半衰期才真正地被计算出来，那是1.9×10^{19}年。（为更正确地表述这一观点，19000000000000000000年是宇宙年龄的约10亿倍那么长。这东西在现阶段的任何时期都不会消失到任何地方去。）

有些遗憾的是，我们将离开稳定元素的领域了。从这里开始再多走一步，对那里的元素而言，拥有它们是一件非常敏感的事情，并且由于健康和国家安全的原因被高度管制。但这不意味着我们不能买到它们中的许多种，在杂货店里就能至少发现它们中的一个。

我们的新的放射性元素的勇敢者之路始于钋，作为一个放射性元素，它真的是个极好的东西。

▼ 用于闪烁探测器的锗酸铋，$Bi_4Ge_3O_{12}$。

▶ 铋制的心，只是为了好玩而铸造。

▶ 佩托比斯摩，得到这个名字并非出于偶然，其有效成分是碱式水杨酸铋。

▼ 本书作者拥有的一条"什锦"金属链中的一环是用99.99%的纯铋铸造的。

▶ 30磅重的纯铋铸块是这种金属在商业上常用的出售方式。被砸成两半后，显示出其美丽的内部晶体构造。

元素周期表

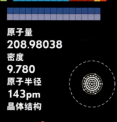

原子量
208.98038
密度
9.780
原子半径
143pm
晶体结构

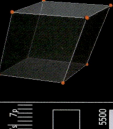

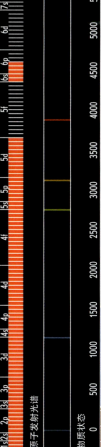

电子填充顺序

1s| 2s| 2p| 3s| 3p| 3d| 4s| 4p| 4d| 4f| 5s| 5p| 5d| 5f| 6s| 6p| 6d| 7s| 7p

原子发射光谱

物质状态

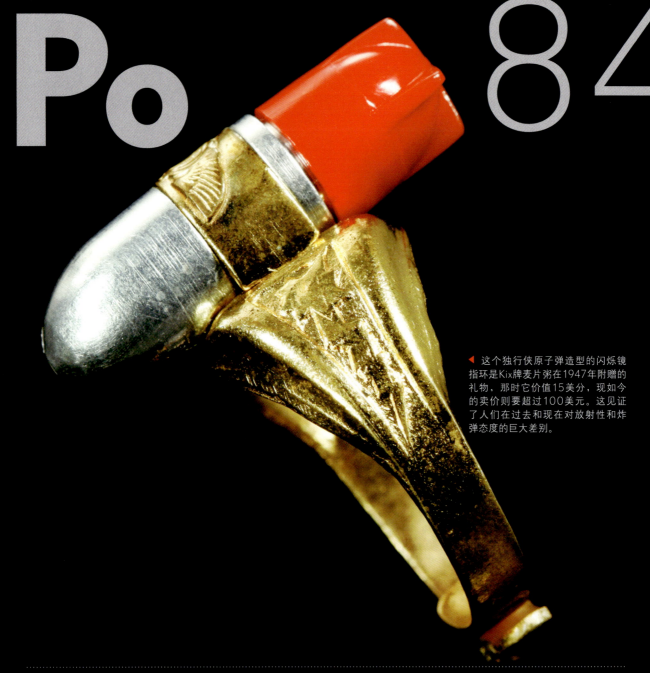

◀ 这个独行侠原子弹造型的闪烁镜指环是Kix牌麦片粥在1947年附赠的礼物，那时它价值15美分，现如今的卖价则要超过100美元。这见证了人们在过去和现在对放射性和炸弹态度的巨大差别。

①钋的英文是polonium，是按照波兰的英文名字Poland命名的。
②2006年，叛逃到西方的前苏联克格勃特工亚历山大·利特维年科在伦敦和一位来自意大利的朋友共同在一家日本料理店进餐后发生呕吐，一个月后死亡。警察在他的尿中发现了大量放射性的钋-210，尸检发现他体内大量的钋价值高达3000万欧元。他的尸体只能装在特制的棺木中，以防放射性泄漏。西方普遍怀疑是克格勃暗杀了他。

钋

▶ 一个庆祝居里夫人发现钋和镭的纪念币。如果它不是用银而是用上述两种金属中的任意一种制作的话，那它就会杀死屋子里所有的人。

钋是由玛丽·居里和皮埃尔·居里发现，并根据玛丽·居里的祖国波兰的名字命名的[1]。钋是在铀（92）矿石中自然产生的，但用于抗静电刷的钋则是人工新鲜制备的。

抗静电刷是目前钋在民用方面最常见的用途。这种刷子可用于去除唱片和电影胶片上聚集的静电，以免吸引灰尘。装在抗静电刷的猪鬃后面的是一条含有钋的金色箔带，它会使它周围的空气电离，从而能吸收静电荷。这条箔带由周围镀着一薄层金（79）的金属银（47）制成，在银和金之间有一层非常薄的钋。

有趣的是，这条箔带不是通过将钋包在银和金之间的方法来制造得。取而代之的是，钋是在箔带完全装配好以后就地生成的：在银箔上先镀上铋（83），再镀上金，然后用强烈的中子束对其照射，使一些铋嬗变为钋。这是个极其聪明的做法，因为钋决不能在开放的地方存在——10纳克（一亿分之一克）钋就能致命。前苏联克格勃特工亚历山大·利特维年科2006年在伦敦死于钋中毒，人们立刻产生怀疑的一个原因是：他被下了那么多的钋，大约有10微克（十万分之一克），它唯一合理的来源只能是拥有核工业的政府[2]。事情终归会水落石出的。毫无疑问，从现在起50年后所有细节都会浮出水面，而从这本关于元素的小书揭露谁是杀死利特维年科的凶手还有很长的距离。但俄罗斯政府有效地控制着全世界钋的供应以及它希望利特维年科死的动机看上去有点儿不妙。

钋最常见的同位素钋-210的放射性是如此之强，以至于大块的纯钋会由于激发其周围的空气而会闪闪发光。虽然每1克钋能持续放出约140瓦的能量，但是和砹相比，那简直算不了什么。

▲ 20世纪40年代到60年代制造的闪烁镜经常含有钋源。

▲ 抗静电刷内部的金属箔片含有铺在银基底上的，并用一薄层金覆盖着的很少量的钋。

▶ 钋火花塞完全是一种骗人的东西，如今它们已经完全没有了放射性。

▶ 在今天钋依然被广泛应用于抗静电刷，但它的半衰期只有138天，因此像这个一样的旧货是没有用处的。

元素周期表

原子量
[209]
密度
9.196
原子半径
135pm
晶体结构

电子填充顺序
1s 2s 2p 3s 3p 3d 4s 4p 4d 4f 5s 5p 5d 5f 6s 6p 6d 7s 7p

原子发射光谱

物质状态

195

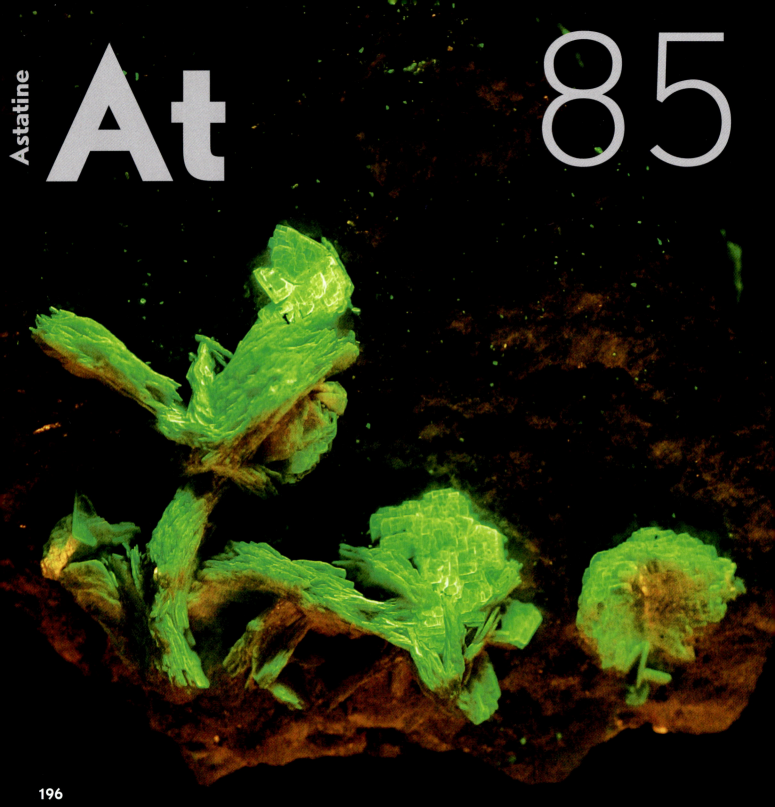

砹

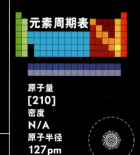

元素周期表

原子量
[210]
密度
N/A
原子半径
127pm
晶体结构
N/A

砹是真正令元素收藏家感到沮丧的四种元素中的第一种。另外三种是钫（87）、锕（89）和镤（91）。氡（86）也会引起小小的烦恼，但不会那么多。

就像从氢（1）到铀（92），其中除了锝（43）以外的所有元素那样，砹被认为是天然存在的。但它的半衰期只有8.3小时，这意味着无论在什么时候天然存在的砹都不会存留很长时间。粗略的估算表明，在任何给定的时间里，整个地球上存在的砹大约有1盎司，但每一天的1盎司砹都不是相同的那1盎司。通过储藏量大得多的铀（92）和钍（90）的衰变能够持续补充砹的供应。

元素收藏家特有的解决办法是展示含有铀或钍的放射性矿物标本，同时一边晃动着手一边谈论其中可能含有一到两个砹原子。可能含有一两个，但更多的情况是一个也没有。在北美洲深达10英里的所有地壳板块中，在任何时刻都大约有一万亿个天然产生的砹原子。你凭什么就相信在你那一小块岩石里就有机会存在一个砹原子？

尽管半衰期很短，人们仍在研究将砹用于癌症的辐射治疗。当你考虑到在锝这一部分中讨论到的锝-99m也广泛用于医疗并同样具有很短的半衰期时，这就不那么令人惊奇了，其诀窍就在于开发出一种紧凑的设备，这样医院就能根据需要当场生产这类物质。

虽然半衰期只比砹长几倍，但氡的含量比砹丰富得多，以至于它的名字在世界上的许多地区达到了家喻户晓的地步。

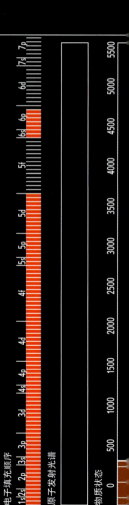

◄ 这块美丽的荧光铀矿石钙铀云母，$Ca(UO_2)_2(PO_4)_2 \cdot 10H_2O$，在任何时候都可能含有或可能不含有一个砹原子。

Rn

86

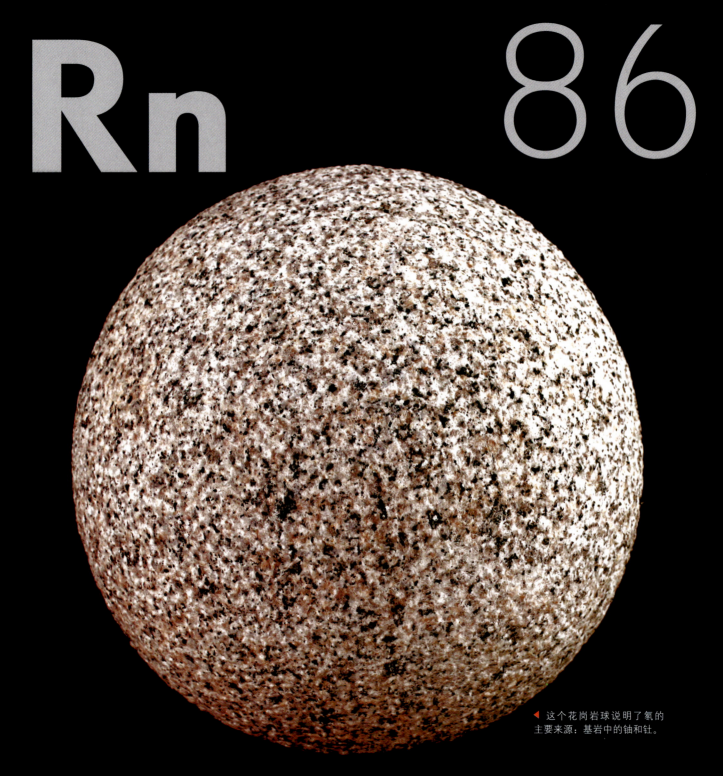

◀ 这个花岗岩球说明了氡的
主要来源：基岩中的铀和钍。

氡

氡是一种半衰期只有 3.2 天的重元素放射性气体。我们的四周存在着数量相当多的氡，这是因为它是铀（92）和钍（90）的衰变链中产生的主要元素，而这两种元素都以巨大的数量存在，尤其是在花岗岩基岩中。（花岗岩建筑会释放出大量的辐射——由于这个原因，纽约的中央车站成为著名的含辐射建筑。）

氡从地下渗出并在建筑的地下室里聚集，这一点对许多人而言具有重要的意义。（你那友好的邻居——氡清除服务公司——将会为你安装价格高昂的地下空气管道和风扇，从而在氡进入你的房子之前就将它从你房子的下方排除掉。）

具有讽刺意义的是，当某些人花大价钱摆脱氡的时候，另外一些人却聚集在铀沉积地附近的岩洞温泉浴场，就为了呼吸富含氡的空气，并认为那是有益健康的。这种在一百年前比现在更为

普遍的信仰起源于许多温泉具有相当的放射性这一发现（温泉中的水之所以会是热的，是因为水在热的岩石旁边流过，而这些岩石的热量则来源于地球深处的铀和钍的衰变）。

一百年前，当人们刚开始研究放射性的时候，没人觉得有任何理由怀疑它具有危险性。每个人都知道温泉是有益健康的，但没人真正知道究竟为什么会这样。当许多著名的温泉都被发现具有放射性时，答案似乎就很明显了：肯定是由于这个新的带辐射的好东西！

这导致了长达数十年之久的关于所有放射性物质的健康时尚，这一热潮直到一个著名的倡议人令人震惊的死亡之后才得以终结，在钍这一部分你会了解到这一事件。

如果那时候的人们知道钫这个元素，我敢肯定有些人会销售钫暖脚炉。

▲ 对于那些害怕他们的地下室里可能含有高浓度的氡的人们，便宜的邮寄到家的氡测试盒可在几天内向他们提供答案。

THE RADIUM BATH HOUSE, CLAREMORE'S FINEST, CLAREMORE, OKLA.

◄ 对那些觉得生活中没有得到足够的氡的人们，这个镭浴室提供了浸泡在加氡的温泉水中的机会。（实际上对于这个用途而言镭是太昂贵了，并且许多温泉中的水之所以带放射性是由于地球深处的铀和钍释放的氡气体所致。）

▶ 对那些真正担心在其生活中接触太多氡的人们，可以使用持续不断的电子监测器。

元素周期表

原子量
[222]
密度
0.00973
原子半径
120pm
晶体结构
N/A

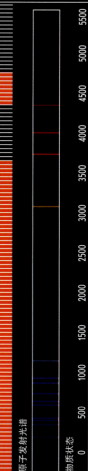

Francium

Fr

87

钫

钫是天然存在的元素中最不稳定的（半衰期为22分钟），并且是在大自然中发现的最后一种元素（猜对了，1939年在法国）。

你可能会回想起我对铼（75）说过类似的话，但那是所发现的最后一个稳定的元素，而这一个则是最后一个天然存在的元素——包括所有那些不稳定的元素。在写这本书时，所发现的最后一个非天然存在的元素是尚未命名的115号元素。

（毫无疑问，随着时间的流逝，还会发现更多的元素：就元素的数目而言没有绝对的上限。）最后，在结束这堆琐碎的东西前再说一句，砹（85）是被发现的最后一个天然存在的元素。且慢，我刚才不还说那该是钫吗？微妙的区别在于：钫是在大自然中发现的，而砹虽然是天然存在的，但它的首次发现却是通过人工制造——从那时起的三年当中，在大自然中未曾发现过一丝一毫的砹。

22分钟的半衰期使得钫具有了不切实际的放射性。即使在医疗领域，钫也没有商业用途。在医疗领域，人们使用了令人惊奇的一系列其他狂野的放射性同位素。

如果你曾尝试将钫聚集成一团，那东西会由于自身的放射性产生的极大的热量而把自己猛烈地蒸发掉。但如果你能通过某种方式将那个过程推迟哪怕几秒，老兄，你就能通过它得到些乐子了。

你看，钫是碱金属的最后一个。由于能与水发生爆炸性的反应，所有的碱金属，尤其是钠（11），被扔到湖里时都会产生有趣的现象。根据元素周期表的系统趋势，钫应该是碱金属中反应活性最强的元素。如果你能往湖里扔100克钫，其结果将是一场真正可称为不朽的大爆炸。

另一个结果当然是规模极其庞大的放射性灾难，就像镭工业曾经造成的那些灾难一样。

◀ 如果你严密地观察，也许能看到这块钍石矿ThSiO$_4$中可能含有一个钫原子。

元素周期表

原子量
[223]
密度
N/A
原子半径
N/A
晶体结构

电子填充顺序

原子发射光谱

物质状态

Ra

88

▶ 小心地手工涂到手表表盘上的镭涂料导致了现代劳动法的制定。

镭

镭是20世纪初期的钛（22）。这是一种灿烂的、耀眼的、强大的元素，每个人都希望自己的产品能够与它挂钩，无论这些产品是否真正含有镭。就像今天的许多所谓"钛"产品其实并不含钛那样，一个世纪前许多"镭"产品——例如含镭家具擦光油和含镭牙膏——都不含镭。

其他产品，例如镭栓剂以及曾引起极度恐慌的镭内分泌调节器，则的确含镭，在某些情况下含量还很大。（镭内分泌调节器设计来供男人们穿戴，其中含有的辐射源指向含有许多快速分裂细胞的某个特定的私处。镭内分泌调节器的使用是基于对生殖器官的高剂量辐射能够促进健康和男性生殖能力的错误观点，因此这实际上是一个极为糟糕的主意。今天，在X射线的操作程序中，要用特殊的铅制防护屏来保护那个特殊部位免受哪怕最小剂量的辐射。）

镭最为人所知的用途，同时也是我们依旧能够在eBay上容易地购买到它的原因，是用于发光手表指针。含有硫化锌（30）和镭的混合物的涂料能够在暗处闪光长达若干年。可悲的是硫化锌会脱落，这样大多数年代久远的手表指针就不再闪光了。（而镭本身则依然像从前一样具有放射性；镭的半衰期长达1602年，这保证了那些手表还能在很长时间内保持足够火力的辐射。）

镭钟表是手工上涂料的，使用的是很小巧的刷子。从事这项涂料工作的妇女必须用舌头来舔刷子，将它舔成针管笔那么尖。当你想到那些刷子上带有放射性涂料的时候，你就会认为那不是个很好的主意了。正是发生在那些妇女身上的逐渐加重并最终无可否认的与镭相关的疾病和死亡，最后使许多人相信必须做点什么来保证辐射安全。

"镭女孩"案例是劳动法的一个里程碑，确立了劳工们对不安全的和虐待型的工作环境导致的伤害有提起诉讼的权利。（对于用舌头舔含辐射的涂料刷的危险性进行有意隐瞒应受到的惩罚处于法律量罪的上限。）但是在那些放射性"健康"产品最后从人们的爱好中被赶走之前依然导致了更多的死亡和肢解，当你跳过烦人的短命元素钫以后，在钍（90）这一节中你会读到这样的故事。

▲ 所谓的镭鞋油其实根本不含镭。

◀ 所谓的镭淀粉其实也根本不含镭。

▶ 镭内分泌调节器含有大量真正的镭，因此成为"镭纪元"产品中最危险的产品之一。

▲ 镭避孕套——谢天谢地——其实根本不含镭。

◀ Radium Ore Revigator含有大量放射性的铀矿石，但含镭量极少。（译者注：Radium Ore Revigator是一种用有弱放射性的黏土制成的罐子，制造商宣称，生病的人喝了在罐子中过夜的水可以"水到病除"。不幸的是，直到在那些坚持使用的人中间出现了很多口腔癌患者后，人们才对它产生了怀疑。）

▶ 美丽的黄铜闪烁镜，例如这一个，含有镭并且时至今日依然具有放射性。

元素周期表

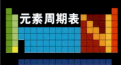

原子量
[226]
密度
5.0
原子半径
215pm
晶体结构

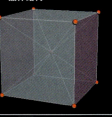

电子填充顺序　1s|2s| 2p 3s| 3p 3d 4s| 4p 4d 5s| 5p 4f 5d 6s| 6p 6d 5f 7s| 7p

原子发射光谱

物质状态　0　500　1000　1500　2000　2500　3000　3500　4000　4500　5000　5500

Ac

89

锕

锕是锕系元素的第一种，这个系列位于标准元素周期表中最底部的一行。与从镧（57）到镥（71）的镧系稀土元素一样，从锕（89）到铹（103）的锕系元素彼此具有相似的化学特性——虽然与镧系元素相互间几乎无法区分相比，锕系元素显得更为多样性一些。

当然，镧系元素和锕系元素间最大的不同在于，镧系元素中除了一种以外都是稳定元素，而锕系元素中的每一种都是放射性元素——它们的放射性都很强，其中只有三种元素的放射性是温和的，以致我们能够用手握着这三种元素的金属块而活下来讲述这个故事。

半衰期为21.8年的锕并非那三种元素中的一种。它的放射性如此之强，以致无需磷光屏的帮助我们就能看到它发出的闪光（而对那些放射性较弱的元素，如88号元素镭，就需要通过磷光屏才能看到它的闪光。）

虽然锕天然存在于铀（92）矿里，但含量极低。当人们真正需要一些锕的时候，可以用以下方法来生产：在核反应堆中用中子轰击镭-225，将它转化为镭-227，后者会以42分钟的半衰期衰变为锕的长寿命同位素锕-227。

这种原子核点金术——按字面意思，则是一种元素嬗变为另一种元素——目前被非常普遍地用于合成有用的元素和同位素。炼金术士试图将普通元素转化为黄金的做法并没有错，他们只是缺乏适当的技术——一个核反应堆——来实现这一努力。

虽然锕具有一些实验用途，但它很少被制备和使用。相反，在所有放射性元素中储量最为丰富的是钍。

元素周期表

原子量
227
密度
10.070
原子半径
195pm
晶体结构

◀ Vicanite矿石样品$(Ca,Ce,La,Th)_{15}As(AsNa)FeSi_6B_4O_{40}F_7$，来自意大利特里克罗西（Tre Croci）的维卡联合企业，现在其中很可能不再有任何锕，但曾几何时它里面可能有一到两个锕原子。

电子填充顺序

1s 2s 2p 3s 3p 3d 4s 4p 4d 4f 5s 5p 5d 5f 6s 6p 6d 7s 7p

原子发射光谱

物质状态

▼ 已经在上面冲凿过电弧启动按钮的纯钍箔。

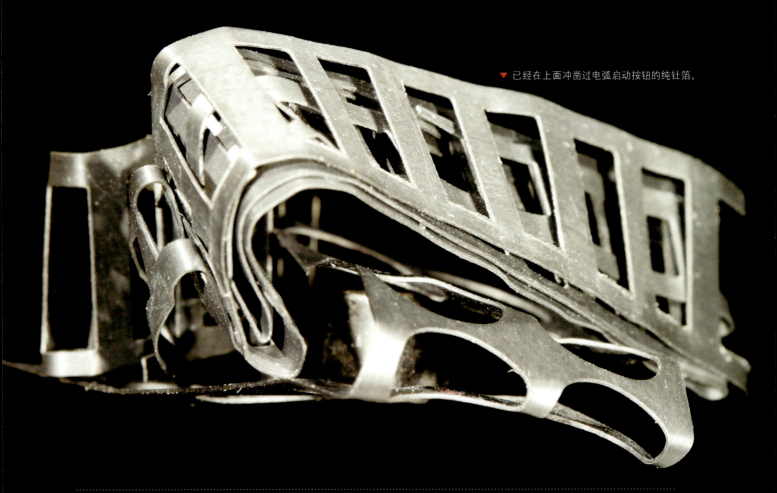

①Eben Byers (1880—1932)，美国实业家。他在饮用了1400瓶"镭补"之后下颌发生脱落并随后死于镭辐射。在他死后，人们发现他的脑壳和大脑中有许多空洞。

钍

▶ 纯钍金属片。

元素周期表

原子量
232.0381
密度
11.724
原子半径
180pm
晶体结构

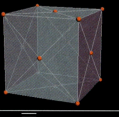

在地壳中钍的储量比锡（50）还要高——几乎达到锡的3倍。钍的储量也比铀（92）高3倍以上，这就是人们付出极大的努力（也就是数十亿美元）来研究开发可持续的以钍为基础的核动力反应堆的原因。钍是丰富的，但那只是在研究人员创造出令元素收藏家垂涎的巨大库存的优质钍金属之后的事情。

钍的丰富储量导致的一个结果是，在许多年里对它的利用完全是在化学性质方面，而全然不顾它具有放射性这一事实。直到最近，氧化钍还被用在野营汽灯的灯头纱罩中，当它被煤油火焰加热时会发出明亮的光。许多种别的氧化物用起来也有同样的效果，但氧化钍的价格低廉，并且在很长时间里人们并没有发现氧化钍的低度辐射会造成什么问题，甚至现在依然能买到含钍的钨（74）焊条，它含有2%的钍，有助于产生电弧。

有一种含有相当剂量的镭（88）和钍，并于1932年被最终叫停的称为"镭补"（Radithor）的所谓健康饮料曾经广为流行，那是一种冒牌的放射性医疗产品。埃本·拜尔斯[①]是一个富裕的花花公子式的实业家，他每天饮用三瓶Radithor。关于他的死，华尔街日报的头条报道说"直到他的下颌脱落之前，那种镭药水都良好地起着作用"。这一事故推动了美国食品药品管理局加强对化妆品和医疗设备的控制，但这还不是关于钍的最为奇怪的故事。

在第二次世界大战激战正酣时，同盟国的情报部门由于发现以下情报而惊慌失措：一个叫奥厄公司的德国军火承包商从被占领的巴黎的一家公司中没收了库存量巨大的钍并将它运回德国。为同盟国研究原子弹的核科学家意识到，如果德国人已经认识到了他们需要钍，那他们在原子弹计划上一定走了很远了。事实上德国原子弹计划的进度着实可怜。而奥厄公司的秘密计划则是在战后开发一种新品牌的含钍牙膏——他们希望它和含镭牙膏一样普及，而为了这个计划他们必须确保手头有足够的钍。

但是，从来没人对镁做过类似的计划。

▲ 含有氧化钍的汽灯灯头纱罩，当用煤油加热时它会发出美丽的冷光。

▶ 固体的钍金属片是很难弄到的——虽然拥有它是合法的，但你试试看找个肯将它卖给你的人。

▲ 谢天谢地，含钍牙膏已经不再生产了。

▼ 如今，如果用盖格计数器测量这个装"镭补"的空瓶子上的软木塞，每分钟的计数依然还超过1000。

▶ 含2%的钍的电焊条在今天还能买到并被广泛使用。

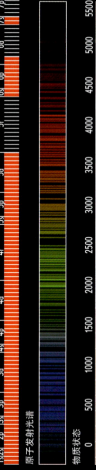

电子填充顺序

7s 7p
6d
6s 6p
5d
5f
4f
5s 5p
4s 4p
3s 3p
2s 2p
1s

原子发射光谱

物质状态

5500
5000
4500
4000
3500
3000
2500
2000
1500
1000
500
0

①Kasimir Fajans (1887—1975)，波兰裔美国化学家。
②Frederick Soddy (1877—1956)，英国化学家。他抱憾终身是因为同位素的发现导致了的原子弹出现。
③Lise Meitner (1878—1968)，德国化学家。Otto Hahn (1879—1968)，德国物理学家。

镁

元素周期表

原子量
231.03588
密度
15.370
原子半径
180pm
晶体结构

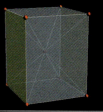

镁是最后一个天然存在的化学元素，这着实惹恼了元素收藏家。和砹（85）、钫（87）、锕（89）等元素不同，镁的半衰期相当长——32788年，这使得它虽然危险，但是在良好的衬铅展示柜中炫耀一大块镁还是完全实际的。然而，这种可望而不可及的状况更加令人沮丧。

在20世纪60年代，总共收集了大约125克镁并分配给想要研究它的潜在用途的几个实验室。情况显然不是很好，因为时至今日还没有发现它有什么用途。我还在等待一些剩余的镁在eBay上出现。

镁最先是以它的极为短命的同位素镁-234的形态（半衰期为1.17分钟）在1913年为卡西米尔·法杨思和O.H.戈林发现的。寿命更长的同位素镁-231在1918年由弗雷德里克·索迪[2]和约翰·克兰斯顿在苏格兰、奥托·哈恩和莉泽·迈特纳[3]在德国分别独立发现。我们将会在第109号元素铸那一部分更详细地介绍奥拓·哈恩和莉泽·迈特纳，但是我们之所以能够谈论不同的同位素就要归功于另一个团队的一位成员弗雷德里克·索迪。

索迪发现，同一种元素的不同原子可能拥有不同的质量，并为这一发现抱憾终身。

元素定义为其原子核中拥有特定数目的质子的物质（该质子数就是原子序数，在各种类型的元素周期表中都可以看到）。但是，所有的原子核（^1H除外）在含有质子的同时还含有一群中子。同种元素的每一个同位素拥有相同数目的质子，但是拥有不同数目的中子。例如，同位素镁-234含有91个质子（镁是第91号元素）和143个中子（234−91=143）。而同位素镁-231含有91个质子，但只含有140个中子。

中子的数目对原子的化学行为没有实际影响，但对原子核稳定性的影响却是至为关键的。没有适当数目中子的原子核是不稳定的，并且最终会飞散开去，这就称为放射性衰变。

原子衰变（称为核裂变）的时候释放出巨大的能量——这种能量就是核电站或者原子弹的基础。弗雷德里克·索迪认识到用这种方法能够产生多么巨大的能量，并且开始劝诫说，人类现在可以期待一个清洁且美丽的无限能量的前景。但当看到了第一次世界大战中科学家是如何帮助血腥大屠杀之后，他转身离开了核科学，并且开始警告人们继续研究核科学的可怕后果。

虽然核科学已然不能给他带来任何快乐，他还是活着看到了最坏的噩梦：1945年8月6日，一颗叫做"小男孩"的原子弹落在了日本的广岛市。

那颗炸弹是用铀制造的。

◀ 铜铀云母，$Cu(UO_2)_2(PO_4)_2 \cdot 8\text{-}12H_2O$，是一种可爱的绿色铀矿石，我选用它来代表镁确实是事出无奈，因为没有办法得到真正的镁或者拍到镁的照片，但是镁的一些原子有时可能存在于这样的矿石中。

电子填充顺序

原子发射光谱

物质状态

◀ 拥有纯的铀金属是完全合法的（每次最多15磅），确实有一些公司向元素收藏家出售纯铀。这块30克的铀就是从一家这样的公司得来的。

①由美国西弗吉尼亚州纽厄尔的霍默·拉芙琳瓷器公司制造并销售的系列单色上釉餐具。
②用来测量放射性的一种仪器。

铀

▲ 用加了铀盐的照相纸印刷的长崎原子弹的一幅画。这幅画真的有放射性。

元素周期表

原子量
238.02891
密度
19.050
原子半径
175pm
晶体结构

谈到铀，就不能不知道第一颗在愤怒中使用的核武器就是一颗铀裂变炸弹，它是在美国新墨西哥州的沙漠深处秘密制造的，并在日本本州岛上的城市广岛上空引爆。中国的长城和美国的阿波罗登月都是伟大的事业，但是以对于我们整个星球的不可逆转的后果以及当初试图实现目标的信心的飞跃来衡量，还没有一件人工制造的东西可与曼哈顿计划相比拟。

曼哈顿计划共制造了三颗原子弹，于1945年7月15日在美国阿拉莫戈多进行了第一次成功的实验，其代号"三位一体"（TRINITY）。没有进行更多次实验的原因可能是因为参与研制的科学家非常自信，也可能是他们只有够制造三颗炸弹的铀-235，这是所有核秘密中受到最严格保护的秘密之一。21天后，"小男孩"在广岛爆炸，3天后，以钚为主要成分的更为复杂的"胖子"落到了长崎市的上空。

人类能否幸免于原子弹的发明所造成的毁灭还是一个有待解决的问题。

虽然核武器在战争中只使用了两次，但铀本身在现代世界战争中已经成为老生常谈。天然存在的铀元素含有99.28%的铀-238和0.71%的铀-235。这两种同位素都是放射性的，但只有铀-235可以用来制造裂变弹。在把铀加工用来制造炸弹时，大约2/3的铀-235被取了出来。剩下的东西就称为"贫铀"，或简写为DU。

贫铀被广泛使用不是由于它的放射性，而是因为它是一种极为坚硬、密度极高的金属，可用来制造优良的穿甲弹弹头。钨（74）的密度与之相似，也可以用于同样的目的。但如果你是一个核国家的政府，你拥有大量在制造核炸弹中剩余的贫铀，你会怎么做？而且贫铀还有一个在受到冲击的时候会着火的优点。

当不涉及死亡时，铀可以在eBay或者从全世界的古董收藏家的厨房中找到。1942年之前的Fiesta牌盘子和碗①，特别是那些橙色的，在釉彩中都含有一些铀，在几英尺的距离外能够使盖格计数器②发出响声。用它们来盛东西吃可不是什么好主意，与其说是由于放射性（铀的放射性属于害处相对比较小的阿尔法射线），不如说是因为铀像铅一样是一种重金属毒物，在和酸性食物接触时，铀会从釉彩中泄漏出来。

私人拥有多达15磅天然铀（或者第90号元素钍）是完全合法的，因此可以合法地广为销售、使用和收藏有放射性的Fiesta牌餐具。在我的软件公司里的一位同事有装满一厨房的Fiesta牌餐具，她每天用它们进食。在借用了我的盖格计数器之后，她现在只留下一套放射性特别强的碗，存放在离洗涤槽稍远的地方。这是一个真实的故事。

在离开铀的时候，我们要向天然存在的元素说声再见。此后的元素，它们在地球上存在只是因为人类乐于让它们存在——我们要在原子反应堆中制造它们。这一系列新品种中的第一个是镎。

▲ 在某小学的自动饮水机后面瓷砖的釉彩中含有相当数量的铀。如果用盖革计数器进行测试，颜色比较浅的瓷砖每分钟的计数高达1000。

▲ 一层金色的氮化钛涂层保护着这颗小子弹中的贫铀免于被氧化。

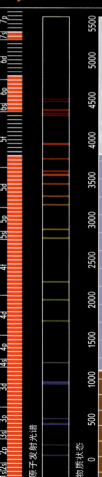

电子填充顺序
7s 7p
6d
6p
6s
5d
5f
5p
5s
4d
4f
4p
4s
3d
3p
3s
2p
2s
1s

原子发射光谱

物质状态

5500
5000
4500
4000
3500
3000
2500
2000
1500
1000
500
0

铀92

▲ 因为这个核反应堆燃料芯块富含铀-235，
没有执照是不能合法拥有的。

▼ 直读式辐射监测器安装有一个发光屏，当存在危险剂量的辐射时，该发光屏就开始发光。

▶ 贫铀坦克穿甲弹，在丢弃的弹身内可以看到铀制的弹芯。

▲ 绿色的铀"凡士林"玻璃是受欢迎的收藏品，它有轻度放射性。把凡士林玻璃和电话机绝缘子组合起来，你就掘到了eBay的金子。

▶ 用铀矿石制造的现代闪烁镜，因此可以合法地出售。

◀ 1942年前制造的红色Fiesta牌瓷器以放射性闻名，但其他颜色的和其他牌子的也是如此。

United Nuclear

Nuclear Spinthariscope
Allow eyes to become accustomed to total darkness for at least 5-10 minutes before viewing.
V22
www.unitednuclear.com

Np

Neptunium

93

①铀(uranium) 是按天王星(Uranus)的名字命名的，而镎(neptunium)是按海王星(Neptune)的名字命名的。
②钚 (plutonium) 是按冥王星 (Pluto) 的名字命名的。

镎

你可能已经注意到一个情况：在镎之前的9种元素都是放射性元素，原子序数为奇数的元素的半衰期都极短，为偶数的元素的半衰期都要长得多，有些长达数十亿年。这一趋势持续到锫（97），其原因在于质子和中子在原子核中的排列方式。就像惰性气体的化学性质极其稳定是因为它们拥有的电子数目正好可以形成完整的外层电子层一样，这个范围的偶数元素的原子核也拥有恰当的质子和中子数目，可以形成结构稳定的原子核。

另一个情况是，第92、93、94号元素都是用行星的名字命名的。这一做法是从铀（92）开始的，它在1789年用天王星的名字命名[①]，天王星的发现比铀要早8年。（当我们考虑到放射性这一现象直到1895年才被发现，即比铀的发现晚了100多年时，铀在1789年就被发现这件事确实令人担忧。在整个那一段时间里，人们绝对不知道铀是一种和其他已知的元素极其不相同的东西——它会从容器中跳出来并咬你一口。）

镎是第一种超铀元素，于1940年在加利福尼亚大学伯克利分校发现。按照惯例，铀被认为是最后一个天然存在的元素，但事实上，由于铀的衰变所触发的核副反应，在含铀的矿石中应该存在极小量的镎。

目前还没有发现镎有多大用途，但几乎可以肯定的是，在你家里一定会有一些镎。因为标准的家用烟雾报警器要使用很少量的镅（95）用以产生阿尔法粒子。阿尔法粒子与烟雾粒子相互作用，使得报警器能够检测到烟雾的存在。镅的同位素镅-241的半衰期是432年，它的衰变产物是镎-237，半衰期长达2145500年。烟雾报警器越是旧，其中积累的镎就越多，以至于在几千年之后几乎就全是镎了（再过几千万年就几乎全变成是稳定的第81号元素铊了）。

按照用行星的名字命名元素的习惯，下一个元素钚[②]依然采用了行星的名字命名。虽然冥王星已被国际天文学联合会从行星家族中除名，但为钚命名时此事还没发生。这个元素可以说是当代死亡和毁灭的第二号象征，元素中的冷酷杀手。

▶ 挪威峡夫兰的摩兰出产的易解石(Y,Ca,Fe,Th)(Ti,Nb)$_2$(O,OH)$_6$。
其中实际上不含镎，但它是放射性的，而真正的镎是不可获得的。

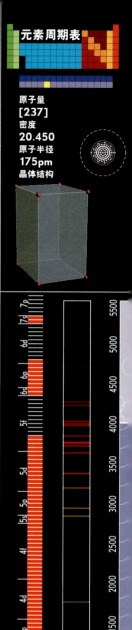

元素周期表

原子量
[237]
密度
20.450
原子半径
175pm
晶体结构

电子填充顺序

原子发射光谱

物质状态

215

Pu

94

CAUTION
RADIOACTIVE PLUTONIUM-238
LESS THAN 3 CURIES 1973
DO NOT DISCARD. CONTACT
NUCLEAR BATTERY CORP.
COLUMBIA, MARYLAND
DATE OF MANUFACTURE 1973
SERIAL NO. AA-237-B

▲ 还好，这块钚心脏起搏器电池盒是空的。如果它是满的，在身体以外的任何地方拥有它都是犯罪。

①戴维·哈恩(David Hahn)在还是个孩子的时候就对原子能着迷。他按照一本物理教科书中的蓝图，在底特律郊区自家庭院的一间棚屋里建造了一个微型核反应堆。他那无人监管的幼稚行动给邻近地区造成了巨大的环境问题。最终，美国环保署终结了他的实验，把他的反应堆埋入犹他州的放射性填埋场。

②洛斯阿拉莫斯是美国新墨西哥州的一个小镇，美国核物理学国家实验室所在地。第一颗原子弹就在此诞生。

钚

元素周期表

原子量
[244]
密度
19.816
原子半径
175pm
晶体结构

非常幸运的是，制造原子弹是一件极其困难的事情。设想一下，如果容易制造，现在一定有更多集团已经拥有原子弹了。

制造铀（92）原子弹之所以困难，是因为要将所需要的铀-235同位素与大量无用的铀-238同位素分开是一件费用极其高昂的事。昂贵到"如果不是一个发达国家的政府就无法承受"的地步。但是如果拥有了临界量的铀-235，制造炸弹就非常容易：只需造一门大炮，把一块亚临界量的铀射到另一块上，接着就是——轰隆！

制造钚弹可能就容易一些，因为要得到足够量的钚不像铀那么困难。当然，这需要一个反应堆，但是和同位素分离比较，那简直就是儿戏。（事实上，就曾经有过一个孩子认真地尝试过：作为1995年的鹰级童子军计划，戴维·哈恩建造了一个增殖反应堆。当人们认识到它不仅仅是个模型的时候，戴维陷入了巨大的麻烦。有人认为他那微型的反应堆可能已经真正地运行过。）[1]

虽然得到钚相对容易些，但是一个非常幸运的巧合使得要把钚变成炸弹却极其困难。钚的分裂比铀-235要容易得多，以至于当两块亚临界量的钚互相接近的时候，在它们互相接触之前就开始反应，并在裂变发生之前把它们自己互相推开，使事情终归失败。虽然能在广大地区散播辐射，但它无法使目标城市熔化。

要使钚弹能够使用，就必须使用炸药"透镜"，通过内爆，把临界质量组装成一个球体。这一工作必须接

近完美，冲击波的任何不对称性都会使钚从侧面滑出。即使在今天，钚裂变炸弹也需要最高工艺水平的冶金学、焰火制造术以及加工工艺。任何业余水平的钚弹都肯定最终失败。

钚常常被称为最毒的元素。在洛斯阿拉莫斯[2]（几乎全美国的钚都保存在此）的人们对此感到很受伤，他们发表了一篇文章，为他们认为是强加在钚头上的不公正的坏名声作辩护。好啊，他们要那样做，他们为什么不那样做？

毫无疑问，私人拥有钚是绝对禁止的，但有一个小小的例外。现在，心脏起搏器用的是锂电池，但是有一些人（没人知道到底有多少人）还在使用由钚热电池驱动的起搏器。如果你身上安装了一个这样的起搏器，你可以拥有它直到死亡。有殡葬业者发电子邮件（我已经忘了他们的电子信箱地址，我发誓真的忘了）给我，说他们在一位客户身上发现了一个放射性起搏器，问我该怎么办。就在我受到诱惑，想要求他们把这个起搏器送给我收藏的时候，我很忠实地告诉每一个人，按照法律，所有的钚都必须送归洛斯·阿拉莫斯（当然，这是指在美国），在那里它会受到严格的看护。

虽然钚可能是所有元素中受到最高规格的管制和追踪的元素，但对于所有在核反应堆中创造出来的合成的放射性元素而言，情况并非总是如此。举个例子说，镅。

▶ 顺势疗法药剂都是欺骗性的产品，不含所列出的成分。对于顺势疗法的钚药丸，这无疑倒是一件好事。

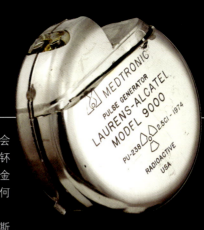

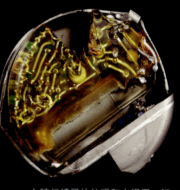

▲ 心脏起搏器的外观和内视图，钚热电池就安装在里面。

7p
7s
6d
6p
6s
5f
5d
5p
5s
4f
4d
4p
4s
3d
3p
3s
2p
2s
1s

电子填充顺序

原子发射光谱

物质状态

5500
5000
4500
4000
3500
3000
2500
2000
1500
1000
500
0

▶ 这个常见的电离烟雾探测器内部的小"纽扣"中含有很少的镅-241，它就躲藏金箔下面，放射性强度为0.9毫居。

①镅(americium)是在1944年由物理学家和化学家西博格和同事在美国加利福尼亚大学伯克利分校通过用中子轰击钚-239产生的。该元素以美国(America)的名字命名。
②Pierre Curie (1859—1906)和Marie Curie (1867—1934)夫妇是法国物理学家和化学家，放射性的发现者之一，并且是钋和镭的发现者。

镅

你可能会以为在钚（94）后面的人工合成放射性元素的半衰期都非常短，并且会是某种超级炸弹的材料，只有在秘密实验室工作的科学家才能得到它，大概只有发疯的科学家才会在某个巢穴中研究镅。但是，如果你自己只想少量拥有一些，那么你可以走进邻近的五金店、超市去购买一点。这样做绝不会有人盘问你的。

理由并非在于镅比临近的其他元素更安全。事实上，从正常渠道可以得到的同位素镅-241显然比武器级的钚具有更强的放射性，并且毒性至少和钚一样大。区别只在于镅有一定的商业用途，并且只需要极微量即可。为此，从业公司要做好准备，准备为开发该项用途并接受所需监管付出额外的努力。

电离烟雾探测器的心脏是一个很小的纽扣状的镅放射源，其结构和我们在第84号元素钋中讨论的抗静电刷中的金属箔很相似，但要小得多。探测器中的镅可以释放出稳定的阿尔法粒子流，该粒子流可使电离腔内空气局部电离成为导体，允许一定电流在两个电极之间的空气中通过。当烟雾粒子进入电离腔时，它们会与离子相结合而降低空气的导电性，使通过电离腔的电流强度减小。当电流强度低于预定值时，探测器就会发出火警警报。

我们是否要为每所房子中安装的烟雾探测器中的放射源担忧呢？实际上，电离烟雾探测器对普通火灾的反应速度要比其他类型的探测器快得多，这无疑救了很多人的生命。并且，就像抗静电刷的情况一样，在烟雾探测器中的镅也被一层薄薄的金（79）很好地保护着。这虽然算不上是个好主意，但即使有人吞下了它也不会产生不良影响：金是一种贵金属，能抵抗胃酸的攻击，使"纽扣"完整无损地排泄出来。所以，因为担心镅的放射性而拒绝烟雾探测器是非常愚蠢的。

随着镅我们来到了元素收藏家收藏柜的最后一排。它是最后一种不需要昂贵的执照就可合法拥有的元素（这种执照一般只有当你能证明你有合法的理由去拥有该元素的时候才发给你）。

从镅以后，人们开始使用一种新的元素命名规则，这个规则一种延续到目前已经被命名的所有元素——用著名的科学家的名字或该元素的发现地为元素命名[1]。

迄今为止，得到这个殊荣的都是人类历史上最顶尖的科学家，第一个就是居里夫妇[2]。

▲ 电离型烟雾探测器内的电路板。电离腔外带有通气孔的金属罩已被移开，使我们能够清楚地看清钮扣状的镅放射源。

▼ 随处可见的电离烟雾探测器，它已经挽救了数千条人命。只要花几十元钱就可从五金店或杂货店买到。

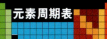

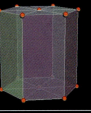

Cm

96

玛丽·居里，锔是用她的
名字命名的。

①Donald Trump，美国地产大亨，行为招摇，争议颇多的暴发户。
②曼哈顿计划是第二次世界大战中美国原子弹研制计划的公开名称。
③Glenn T. Seaborg (1912—1999)，美国核化学家，他领导的小组一共发现了十几个新元素；Ralph A. James，西博格的同事；Albert Ghiorso (1915—2010)，美国核物理学家，西博格的同事，盖格计数器的发明者。
④第97号元素锫(berkelium)是用它的发现地伯克利(Berkeley)命名的。

锔

元素周期表

原子量
[247]
密度
13.510
原子半径
N/A
晶体结构

有趣的是，锔并非居里夫妇发现的。玛丽和皮埃尔·居里的活力四射的二重唱发现了钋（84）和镭（88），而不是锔。

事实上，除了𬭳（106）这个可能的例外之外，没有一个元素是用它的发现者的名字命名的，这取决于你如何定义"由……发现"。

一个原因是，这不是体育比赛。虽然科学家在很大程度上也像从事其他行业的人们一样追求自我，有一些科学家还尽其所能地提升自己的形象，但是，看来这并非是他们能当众做的事情。唐纳德·特朗普[1]可以把他的名字刻在他的建筑物上，但是任何科学家如果被发现试图把自己的名字加在元素上面，他就会被羞辱并被赶出实验室。（这样的事情无论如何不可能发生，元素的命名必须得到国际纯化学和应用化学联合会的一个强硬的委员会的批准。）

而且，经过像玛丽·居里这样的人在她的实验室里苦干几个月，直到把一种未知的物质（镭）浓集到能使她的烧杯和漏斗在黑暗中发光的程度（而且她的实验室记录本甚至食谱书都被污染，只得把它们存放在衬铅的箱子里面）的时代以后，日子已经又过了很久了。

自从紧随着第二次世界大战的曼哈顿计划[2]迎来了"大科学"时代以来，没有一个元素是只由一个人发现的。那些都是集体的发现，是由在几个大研究单位中工作的几十位科学家组成的团队合作完成的，没有办法只挑选一个人用他的名字来命名元素。

锔是由一个很大的团队发现的，该团队在格伦·西博格、拉尔夫·詹姆斯和艾伯特·吉奥索[3]的领导下，在美国加利福尼亚大学伯克利分校使用一台60英寸粒子回旋加速器从事研究工作。

锔仅有的几个用途都与它极强的放射性有关：便携式阿尔法粒子源和所谓的放射性同位素热电偶发电机。后者利用放射性衰变所产生的热能向仪器提供电力。这些仪器必须在远离人类和其他电源的条件下长期工作，例如太空探测器之类的东西。

如果一个新元素要用某个人的名字来命名，解决办法（镭又是一个例外）似乎是挑选一位已经故去的重要人物，如居里夫妇。有时，新元素也会用发现它的地方命名，这多少为自我宣扬开了一扇小窗。如果你是一位加利福尼亚大学伯克利分校的顶级核科学家，你的名字尽人皆知，当你要命名一个元素时，例如锫（97），那么，与用你自己的名字命名相比，用你所在的发现这个元素的地方来命名是一件仅次于用自己的名字命名的好事情。而这就恰好发生在锫上面[4]。

▶ 纪念玛丽·居里诞辰100周年的奖章。

▶ 加利福尼亚大学伯克利分校的校徽。在该校工作的格伦·西博格发现了锫和许多其他元素。

锫

锫的最长命的同位素锫-247的半衰期是1379年。这意味着如果我们有一块1磅重的锫并让它在那里放1379年，那么我们就剩下半磅锫。如果再让它放1379年，那么我们就还有1/4磅锫，如此等等。

但是锫并非就此消失，它变成了镅（95），特别是同位素镅-243，后者的半衰期是7388年。在大约1万年之后，这块锫就大部分变成了镅，但这也只是暂时的。正当镅增加的时候，镅-243就又衰变成镎-239，而镎-239又很快衰变成钚-239，后者的半衰期是24124年。

在大约20万年以后，大部分钚-239已经衰变成铀-235并在此停留极长的时间，因为铀-235的半衰期长达7000万年。但是最终再经过几个阶段的衰变之后，最后的结果是5/6磅稳定的第82号元素铅的同位素——铅-207。

那么另外的1/6磅哪里去了呢？请看第一次从锫-247到镅-243的衰变。镅比锫少2个质子和2个中子，它的质量数少了4（243对247），这意味着2个质子和2个中子丢失了。在锫-247衰变的时候，以阿尔法粒子的形式射出2个质子和2个中子，这就解释了质量丢失的原因。（物理学家称为阿尔法粒子的东西就是化学家所称的氦原子核。）

该衰变中的其他各阶段，例如从镎-239到钚-239，只改变了元素的原子序数（质子数），但没有改变其质量数。由于质量数没有改变，你可能会以为一个钚-239原子和一个镎-239原子的质量是一样的，但情况不是这样的。事实上，钚-239的质量要稍微轻一点点——在镎-239中多出来的那一点点质量已经按照爱因斯坦著名的公式 $E=mc^2$（即能量等于质量乘以光速的平方）直接转化成了能量。光速 c 是个非常大的数字，也就是说，很小的质量就可以转化为巨大的能量。

因此，答案就是失去的1/6磅已经变成氦（2）（来自发射出的阿尔法粒子）和纯能量的组合。（实际上，该能量意味着我们决不能把真实的1磅锫放在书桌上，那真是太危险了。）

事实上，锫还没有什么实际用途。但出人意外的是，作为如此高编号的元素，锎还真有几种真实的用途。

▶ 图示为锫-247的衰变链，它已在正文中详细描述过了。在大多数情况下，一种给定的同位素几乎会完全衰变为一种新的同位素，但有些时候则存在一个以上可能的衰变路径。这里所显示的是至少有1％可能发生的路径。当衰变为一种稳定元素的时候，衰变链就停止了。在这里，几乎所有的物质最终都以铅的同位素铅-207终结。是的，这种元素的嬗变过程就像炼金术士所梦想的那样，只是昂贵得多。

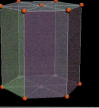

Cf

98

▶ 加利福尼亚州的州徽。元素
锎是用该州的名字命名的。

①Albert Einstein (1879—1955)，德裔美籍物理学家，20世纪最伟大的科学家。
②Enrico Fermi (1901—1954)，意大利裔美籍物理学家。

锎

格伦·西博格这个名字我们在元素周期表的这一部分已经遇到过多次。因为发现了锎，还有钚（94）、镅（95）、锔（96）、锫（97）、锿（99）、镄（100）、钔（101）、锘（102）和𬭳（106），他的名字已载入史册。

在这些元素中，最后一种元素特别值得注意，因为它是唯一一种用一位与发现它有关的人的名字命名，并且这个人命名时还健在的元素。这件事曾引起了很大的争议，以至于西博格和他同事们不得不与他们的主要竞争对手，前苏联的杜布纳联合核子研究所达成一笔交易，同意后者为第105号元素挑选名字（这两个小组都声称第一个发现了该元素），这样才在1997年终于达成了协议。这就是为什么我们现在有𬭶和𨧀（105）这两种元素的名字的缘故。据说直到今天，有些伯克利的人还拒绝用𨧀这个正式的名字来称呼第105号元素。

由于冷战时期的保密制度，锿和镄的发现被拖延了很久才宣布，以至于阿尔伯特·爱因斯坦[1]和恩里科·费米[2]在以他们的名字命名元素的消息披露之前都不幸逝世。这件事同样引起了很大的非议。

我曾在前面提到要列举一些有关锎的实际用途的例子，它是最后一个有些实用价值的元素。实际上，锎是一种极强的中子辐射源，这一特性使得锎极为危险又具有独特的用途。

在这种形式的放射现象中，最危险的当属中子辐射。因为中子是不带电的，它们既不会与带负电荷的电子发生作用，也不会与带正电荷的质子发生作用，这使得它们比较容易穿透固体物质。如果用中子撞击原子核，中子能够潜入原子核中并使原子核丧失稳定性。因此，一束中子就有了令人恐惧的特性：它能使普通的物质转变成放射性物质。如果将你暴露于中子辐射之下，你自己就会变成放射性物质了（其半衰期为15小时，这主要是由于你身体中的钠-23吸收一个中子后变成了具有放射性的同位素钠-24）。

中子辐射变得有用的原因是，当某种元素受到中子辐射变成放射性同位素并发生衰变的时候，它所产生的辐射的类型和能量是该元素所特有的，独一无二的，这就像每个人的指纹一样。例如，如果我们用中子束照射一块岩石并探测到金元素具有的特定能量的伽玛射线，那么我们就可以有把握地说，那块岩石里一定含有黄金。这种技术就叫做中子活化分析。

除了探矿以外，我们还可以利用中子容易穿透固体物质的特性来透视坚硬的钢制轮船船体，用于石油探测，甚至可以在不打开集装箱或皮箱的条件下知道里面到底隐藏了什么东西。锎所做的就是提供一种体积很小、便于携带、使用方便的大剂量中子源。这种中子源可安装在便携式检测仪器中，例如可以将它随探测仪器放置到油井的底部。

现在让我们向实用主义说再见吧。在锎之后，我可以有把握地说，用来命名那些元素的人名和地名远比这些元素本身更重要、更有趣。关于这种情况的最引人入胜的例子来自下一种元素锿。

元素周期表

原子量
[251]
密度
15.1
原子半径
N/A
晶体结构

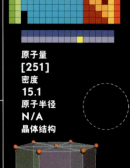

电子填充顺序
1s 2s 2p 3s 3p 3d 4s 4p 4d 4f 5s 5p 5d 5f 6s 6p 6d 7s 7p

原子发射光谱

物质状态

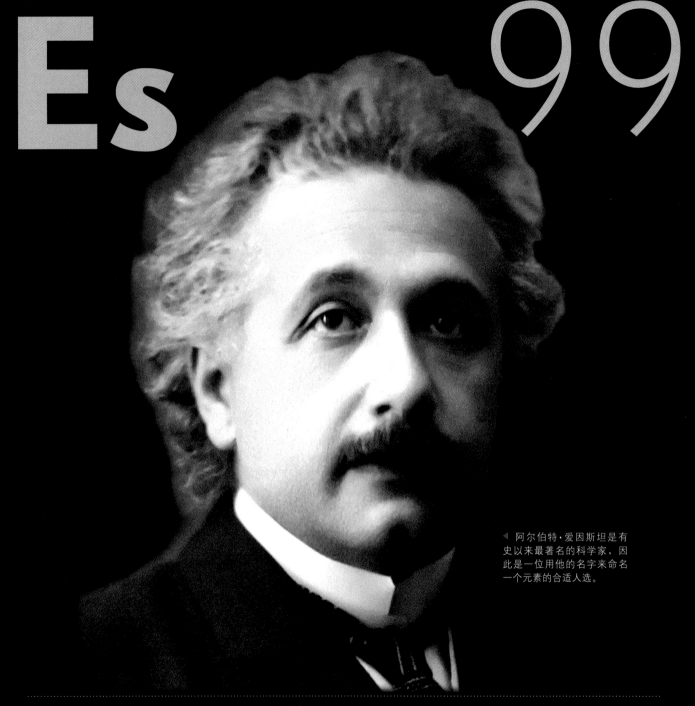

Es 99

阿尔伯特·爱因斯坦是有史以来最著名的科学家，因此是一位用他的名字来命名一个元素的合适人选。

①第99号元素锿 (einsteinium) 是用爱因斯坦 (Einstein) 的名字命名的。
②Leó Szilárd (1898—1964)，匈牙利裔美籍物理学家。

锿

要想用某个人的名字来命名一种元素可不是一件容易的事。和这件事相比，获得诺贝尔奖就算不上什么——有超过800名诺贝尔奖获得者，每年还会有几个人加入这个行列，但只有很少的几个人得到了用名字命名一种元素的殊荣。当然，爱因斯坦是一位十拿九稳的获胜者[①]。在他还活着的时候，他就是有史以来最著名的科学家。在他去世半个世纪之后，仍然有一个好莱坞经纪公司管理着他的肖像。

人人都知道爱因斯坦，但是很少有人知道他曾经发出过一封20世纪最重要的信，也可能是有史以来最重要的一封信。更少有人知道这封信并非出自他的本意，并且这封信的大部分实际上并不是他写的。这就是那封导致发明原子弹的信。

当一个比较重的原子核，比如铀（92），分裂成两个比较轻的原子核时，我们就说发生了核裂变。有时核裂变是自发的，但如果一个中子击中了合适的原子核，裂变就会立即发生。原子核裂变的时候会释放出大量的能量，但也可能是别的东西——一个或多个中子。

1933年9月12日，当列奥·齐拉特[②]挣脱了纳粹的羁绊到达伦敦南安普顿街的时候，正是这"或多个"使他突然意识到了一个可怕的前景。他认识到，如果有人能够建造一个装置，使一个裂变的原子核释放出2个中子，击中另外2个原子核使它们发生裂变，释放出4个中子，这4个中子再使另外4个原子核发生裂变，然后是8个，然后是16个……那么，人类就将走上一条直通地狱的道路。

简单的计算表明，如果我们真能引发并维持一个核链式反应，那么释放出来的能量之大在地球上是无可比拟的。很难设想用这么大的能量能够做什么事情。不幸的是，在经历了第一次世界大战之后，齐拉特相当肯定他不会喜欢这件事。

很快，齐拉特认识到两件事。第一，在德国社会中正在酝酿着某些极为糟糕的事情；第二，许多最优秀的物理学家正在德国工作。比

核链式反应用于战争的想法更加使他感到惊恐的唯一一件事是：纳粹德国非常可能首先去做这件事。

他做出了一个重大的决定，给罗斯福总统写一封信，提醒他美国需要建造他所能建造的任何东西，并赶在德国之前去做。但是应该由谁来写这样一封信呢？

于是就发生了这样的事情：阿尔伯特·爱因斯坦在一封由列奥·齐拉特起草的信上签了名并安排了一位受到信任的朋友面交富兰克林·罗斯福。在这之后的5年11个月又14天，一个代号"三位一体"的核装置照亮了阿拉莫戈多沙漠的上空。

而德国人却从未有任何进展。首先，在德国工作的科学家们在试图引起他们的最高领导人注意到他们的炸弹仍然是个缺乏经费的大学研究课题这件事上面完全搞砸了。其次，纳粹所坚持的雅利安种族纯粹性使得像恩里科·费米这样的科学家简单地选择了出走去为对方工作。

元素周期表

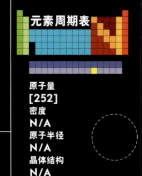

原子量
[252]
密度
N/A
原子半径
N/A
晶体结构
N/A

◀ 恩里科·费米，元素镄是根据他的
名字来命名的。

镄

元素周期表

原子量
[257]
密度
N/A
原子半径
N/A
晶体结构
N/A

每一个领域都有它自己的传奇故事。这些故事经过反复演绎最终披上了神话的色彩。关于恩里科·费米如何在芝加哥大学斯塔格运动场看台底下的网球室内建立世界上第一个自持链式核反应堆的故事就是此类传奇之一。他的"芝加哥1号堆"（CP-1）在1942年12月2日下午3时25分第一次实现了自持铀裂变链式反应。

如今，凡是到芝加哥观光的游客，都可以在芝加哥大学校园里一座古堡式的灰色外墙上看到一块金属匾额，上面写着："1942年12月2日，人类在这里实现了第一次自持链式反应，从而开辟了受控释放核能的道路。"

在本书介绍元素锿（99）的时候已经描述过，当一个中子击中一个重原子核并使它发生裂变时，一个链式核反应就开始了。这个反应会释放出更多的中子，它们继续使更多的原子核发生裂变。然而，在这个简单的算术和在一块铀（92）里的真正持续的链式反应之间还横亘着许多问题。

铀裂变后发射出来的中子具有极高的速度，而铀原子核只能被速度慢得多的中子击中才会发生裂变。而且，除非铀块非常大，否则中子极可能在击中任何东西之前就已逃逸了。所以，虽然每个铀原子核裂变能释放出2个或3个中子，但这些中子大多数不会导致进一步的裂变，也就是说中子增殖率远低于1。为了解决这个问题，可以使用大量的铀，或者使用一种特别敏感的同位素，也可以使用能够让中子慢下来的减速剂，当然也可以将上面提到的方法结合起来。

在建造CP-1时，共使用了6吨金属铀，46吨氧化铀，1000多吨高纯度的石墨（它是极好的减速剂）。这些材料交替组成了一个宽9米，长近10米，高为6.5米的巨大的矩形堆。费米经过仔细计算，认为这个反应堆的中子增殖率会大于1，链式反应可以持续不断地进行下去。

为了使链式反应可控，反应堆中插入了包有镉（48）皮的木棒（即控制棒）。由于镉可以吸收中子，所以通过调节控制棒的插入深度就可以调整中子的增殖率，使链式反应进行或停止。为了保险起见，费米还专门安排了一个人手里拿着斧头，准备在反应失控时砍断挂着备用的紧急控制棒的绳子。

反应堆建成后，费米的团队慢慢地拉出控制棒，小心地监测从反应堆发射出的中子数。经过一次又一次的实验，证实将控制棒插回反应堆以后中子数确实降了下来。12月2日下午3时25分，反应堆中的中子增殖率达到了1.0006并成功运行了28分钟。这个反应堆最初的功率只有0.5瓦，但它已足够让恩里科·费米在原子能的传奇中得到永生。

当然，所有这些事和元素镄完全无关，它就像余下的18个元素一样，没有任何实际用途。

电子填充顺序
1s 2s 2p 3s 3p 3d 4s 4p 4d 4f 5s 5p 5d 5f 6s 6p 6d 7s 7p

原子发射光谱

物质状态

0 500 1000 1500 2000 2500 3000 3500 4000 4500 5000 5500

Md 101	**No** 102	**Lr** 103
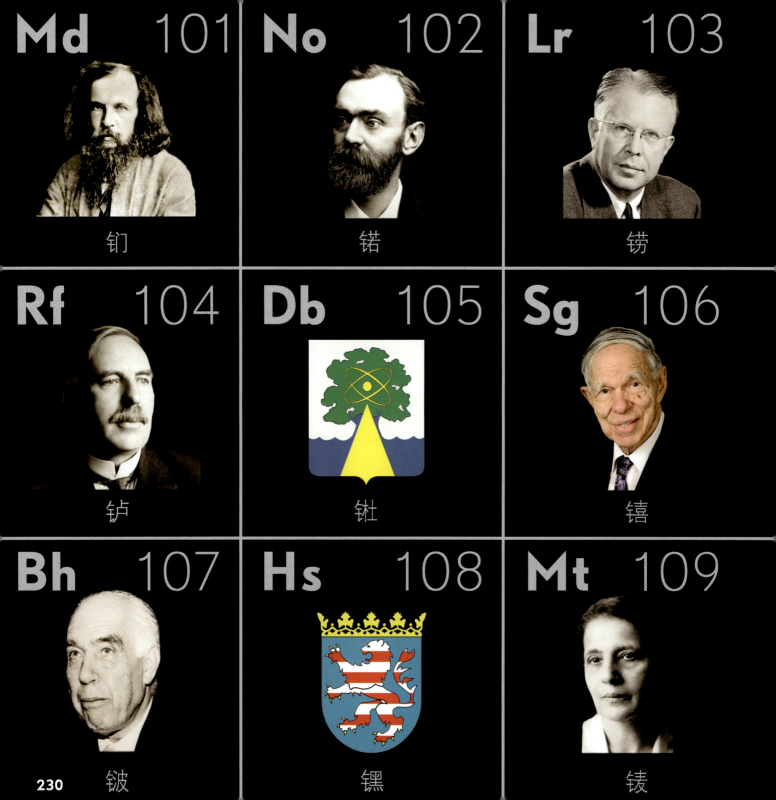		
钔	锘	铹
Rf 104	**Db** 105	**Sg** 106
𬬻	𬭊	𬭛
Bh 107	**Hs** 108	**Mt** 109
𬭶	𬭳	鿏

在101号到109号这一组元素中，对于它们的描述从"虽然它没有什么用途，但至少我们已经创造了可以看得见的数量"变化到"我们至少能够列出我们在什么时候用什么方法创造了哪些原子"。

在到达镙①的时候，我们大约总共谈论了不到两打原子。在元素周期表的这一部分，原子核变得太大、太过笨重，难以结合在一起超过几小时。寿命最长的是钔②，它的半衰期为74天；寿命第二长的是钲③，半衰期为19小时。寿命最短的只有43分钟，是给莉泽·迈特纳①的安慰元素。

在超铀元素中荣幸地用他们的名字命名的人中，大多数（但不是所有）人获得了诺贝尔奖。德米特里·门捷列夫没有得到诺贝尔奖，因为他发明元素周期表的时候还没有这个奖②。阿尔弗雷德·诺贝尔没有获得诺贝尔奖，因为他发明了诺贝尔奖。而莉泽·迈特纳没有获得诺贝尔奖，主要是因为她是个女人①。

但是莉泽·迈特纳笑到了最后。许多人认为她应该参与奥拓·哈恩④分享1944年的诺贝尔物理学奖，但用自己的名字命名一个元素的殊荣相比，诺贝尔奖只是个不值钱的小玩意儿。Hahnium曾一度是第105号元素名字的严肃竞争者，但命名委员会决定从此以后不再用人名命名元素⑤。莉泽·迈特纳入局了，而奥拓·哈恩却一劳永逸地出局了。

在1944年人们还不难找到莉泽·迈特纳，但是当诺贝尔奖委员会要给奥拓·哈恩单独颁奖的时候，他们却不知道他在哪里。他们恳求任何人如果知道奥拓·哈恩的下落就赶快通知委员会，以便给他授奖。（但他们不知道，在欧洲战场战争的最后一天，奥拓·哈恩已被盟军俘虏并其他一群德国顶尖的核物理学家秘密关押在英国剑桥附近一个叫"农堂"（Farm Hall）的地方。一个记者得到要寻找奥拓·哈恩的风声后，曾经越过围墙窥视了一下，瞥见到维尔纳·海森堡⑥光着身体在花园里锻炼。或者实际上他可能什么也没有看见。）

锎（98）、钳（105）、镙（106）这几个元素的命名是经过一番争吵的。但是，因为欧内斯特·劳伦斯⑦建造了第一个能工作的粒子回旋加速器，用这个机器发现了许多这一范围的新元素，铹的命名是一个自然的选择。欧内斯特·卢瑟福则回溯得更远：他第一个发现原子有核。尼尔斯·波尔⑧则进一步表明了如何根据电子轨道来理解元素周期表的构成。

现在只有镙（108）还需要解释：它的名字来自德国的黑森州。黑森州是它的发现地，这使得它和发现锎的地方加利福尼亚州等同。至于锫（97）的德国相等物，我们毫不费事地能找到铊（110）⑨。

① 第109号元素镙（meitnerium）的命名是为了纪念女物理学家莉泽·迈特纳（Lise Meitner，1878—1968）。本书作者说这一命名是给予莉泽·迈特纳的一个安慰，是基于这样一个故事：莉泽·迈特纳和奥托·哈恩（化学家）曾经是同一个研究小组的两位领导人，同是放射性元素裂变的发现者。但1944年的诺贝尔奖却只授予奥拓·哈恩一个人。这引起了很大的争议，特别是物理学家的不满。

② 第101号元素钔（mendelevium）的命名是为了纪念元素周期表的发明者，俄国化学家德米特里·门捷列夫（Dmitri Mendeleev，1834—1907）。诺贝尔奖并不是在发明的当年就授予的。首次颁奖是在1901年，这时门捷列夫还活着，作者所言并非真实原因。

③ 第104号元素钲（rutherfordium）的命名是为了纪念英国物理学家欧内斯特·卢瑟福（Ernest Rutherford，1871—1937）。

④ 奥拓·哈恩（Otto Hahn）(1879—1968)：德国物理学家。

⑤ 第105号元素钳（dubnium）的命名：该元素曾经暂时被命名为unnilpentium（即"第105号元素"）。1967年，在杜布纳的前苏联联合原子核研究所的一个俄罗斯科学家小组首先宣布发现这个新元素。1970年，在伯克利的加利福尼亚大学伯克利分校，一个美国物理学家研究小组确定了这个元素的260同位素的半衰期。伯克利的研究小组建议用"hahnium"命名这个元素，以表示对德国物理学家奥托·哈恩的纪念。美国化学学会曾经采纳hahnium这个名字。但在1977年，国际纯粹和应用化学学会决定把该元素的名字变更成dubnium，用来纪念该元素的发现地杜布纳。

⑥ 维尔纳·海森堡（Werner Heisenburg，1901—1976）：德国物理学家，量子力学的奠基人之一。

⑦ 欧内斯特·劳伦斯（Ernest Lawrence，1901—1958）：美国物理学家，第103号元素铹（lawrencium）是以他的名字命名的。

⑧ 尼尔斯·玻尔（Niels Bohr，1885—1962）：丹麦物理学家，第107号元素锿是以他的名字命名的。

⑨ 108号元素镙（hassium）和黑森（Hesse）对应，98号元素锎（californium）和加利福尼亚（California）对应，97号元素锫（berklium）和伯克利（Berkeley）对应，110号元素铊（darmstadtium）和达姆施塔特（Darmstadt）对应。

Ds 110	Rg 111	Cn  112
钛	铊	无译名
Uut 113	Uuq 114	Uup 115
无译名	无译名	无译名
Uuh 116	Uus 117	Uuo 118
无译名	无译名	无译名

现在我们已经到达这样一区的元素，关于它们，我们可以放心地说，即使所有的元素都已经被发现了，但它们实际上还是不存在的。我这样说是因为，在地球上不存在它们中任何一个元素的原子，除非你在读到这一段文字的时候某个人碰巧启动了他们的重离子加速器，试图去制造一些。

当然，𫟼是为达姆施塔特而命名的，这里是重离子研究所的所在地。它完成了城—州—国三元组𫟼—𬭛—锗，这是模仿了仅有的另一个三元组锫—锎—镅⑩。

威廉·康拉德·伦琴发现了X射线，这使得以下的事情多少有些讽刺意味：这个以他的名字命名的元素却不会发射X射线，它在被创造出来的片刻就衰变没了⑪。

在1996年发现的第112号元素Copernicium直到2010年才被正式命名。这是除了锘⑫以外，将荣誉授予与化学或核物理学没有多大关系的人。以尼古拉斯·哥白尼的名字命名该元素，主要是因为他是一位伟大的天文学家⑬。

在写作这本书的时候，所有其他剩下的元素的名字都是暂时的占位名，按照它们的原子序数的数字，再以希腊语和拉丁语词根的混合物来表述这些数字，构成了这些占位名。

例如，第116号元素的名字un-un-hex-ium是由拉丁文的uno（表示1）、希腊文的hex（表示6），再加上元素的词尾ium构成的。虽然在词语"television"中的希腊文和拉丁文的混合物可归因于绝对的反智主义，但是对于元素名称，这样做是为了使得没有一个数字是用同样的字母开始的，使得这些元素的三字母符号能够用系统的方法来构建。例如，ununhexium的符号是uuh。

没有根本的理由使元素停止在第118号上，它只是符合元素周期表标准排列方法的最后一个。由于还没有发现更高序号的元素，所以没有理由添加全新的一行。理论计算表明，在第120号元素(unbinilim)或第122号元素(unbibium)周围可能存在一个"稳定岛"。那些元素不大可能是稳定的，但可能会有比较长的半衰期。真见鬼，它们最终可能在1小时左右徘徊，那将会是相当激动人心的事情，至少从理论的观点看是如此。

在写作本书的时候，第113号到第118号元素都已经被发现了。在俄罗斯杜布纳核研究所的俄罗斯-美国合作小组于2010年4月报告说，在117号元素(ununseptium)的位置发现了6种原子。但实际上给它们命名可能比发现它们需要更长的时间，因为每一个人都有互不相让的优先权要求，没有一个人打算同意任何一件事，直到命名委员会听取了每一个最后的论据。

这就是为什么我们不是用砰的一声而是用委员会来结束我们的周期表旅行。

⑩锫(berklium)是在美国城市伯克利（Berkeley）发现的，𫟼(darmstadium)的发现地是德国城市达姆施塔特(Darmstadt)。𫟼—𬭛—锗(darmstadtium-hassium-germanium)所对应的城—州—国是达姆施塔特—黑森—德意志(Darmstadt-Hesse-Germany)；锫—锎—镅(berkelium-califorlium-americium)所对应的城—州—国是伯克利—加利福尼亚—美利坚(Berkeley-California-America)。

⑪第111号元素𬬭(roentgenium)是用X射线的发现者伦琴（Roentgen）的名字命名的。威廉·康拉德·伦琴(1845—1923)是德国物理学家。

⑫第102号元素锘是以阿尔弗雷德·贝恩哈德·诺贝尔（Alfred Bernhard Nobel，1833—1896）的名字命名的。诺贝尔是瑞典的一位化学家、工程师、发明家、军工装备制造商和炸药的发明者。诺贝尔奖是按照他的遗嘱创立的。

⑬第112号元素copernicium(元素符号为Cn，中文译名暂定为"鎶")是为纪念尼古拉·哥白尼(Nicolaus Copernicus)而命名的。哥白尼(1473—1543)是波兰天文学家，他提出的"日心说"奠定了现代天文学的基础。该元素是由来自德国、芬兰、俄罗斯和斯洛伐克的21位科学家在德国重离子研究所合作发现的。

元素收藏的乐趣

　　我在2002年开始收藏元素，并且估计在30年内可能收集到大多数元素。很大程度上要感谢eBay以及我自己的愚顽和疯狂，到2009年，我已经收集了大约2300件代表每一个元素的物件。物法和人法并不禁止拥有这些东西。你们在本书中已经看到过许多这些物件。

　　引用一下阿巴乐队[①]的唱词："What a joy, what a life, what a chance!"好吧，可能当一个国际摇滚歌星比当一个元素收藏者的生活更令人激动，但后者也自有他的激动时刻。

　　在意想不到的地方发现古怪的元素使我感到特别快乐。有谁能够想到，在肮脏的给耳朵等部位穿孔的店里能发现纯的铌（第41号元素）？那是一种在离开以后会感到是在给自己消毒的地方。沃尔玛超市出售朴实无华的纯镁（12）金属的长方块，它没有别的用途，只是用来证明镁是一种可以燃烧的金属罢了。（他们在野营区出售镁块。你可以用刮刀刮下一点，用打火机把刨花点着，再用点着的刨花点着篝火。）

　　有些元素我们可以大量体验，就如135磅重的铁（26）球，我把它放在办公室里来绊倒进来的人。对另外一些元素最好只作适度欣赏——如果在办公室里存放太多的铀（92），人们就要开始提出问题（如果保存量超过15磅，联邦探员就要开始向你发问。）

　　元素收藏不算是一个大的业余爱好。和收藏化合物（矿石）、塑料（芭比娃娃）和每次都一样的金属（硬币）的收藏者的人数相比，我们这些元素迷是少而分散的。部分原因是，即便只是安全地储存这些收藏品，也需要相当多的化学知识。金属钠＋潮湿的地下室＝砰的一声。但是，如果你乐于学习每一个独特元素的来龙去脉，元素收藏可能是一个非常有益的体验。

　　让我们在periodictable.com再相见，在那里我做我的收藏，而你们可以分享乐趣。

①阿巴乐队(ABBA),20世纪70和80年代瑞典著名的摇滚乐队。所引歌词意思为"多么欢乐啊，多好的生活啊，多难得的际遇啊！"

▲ 本书作者在他的元素当中。在闻名世界的木质元素周期表桌的桌面上的是本作者拥有的近2300个元素及其用途的样品的一小部分。

Emsley, John.
The elements of Murder: A History of Poison.
New York: Oxford University Press, 2006.

Emsley, John.
Nature's Building Blocks: An A to Z Guide to the Elements.
New York: Oxford University Press, 2003.

Emsley, John.
The 13th Element: The Sordid Tale of Murder, Fire, and Phosphorus.
New York: John Wiley & Sons, 2000.

Eric Scerri.
The Periodic Table: Its Story and Its Significance.
New York: Oxford University Press, 2007.

Eric Scerri.
Selected Papers on the Periodic Table.
London: Imperial College Press, 2009.

Frame, Paul, and William M. Kolb.
Living with Radiation: The First Hundred Years.
Self-Published: 1996.

Gray, Theodore W.
Theo Gray's Mad Science: Experiments You Can Do at Home – But
New York: Black Dog & Leventhal Publishers, 2009.

Rhodes, Richard.
The Making of the Atomic Bomb.
New York: Simon & Schuster, 1995.

Sacks, Oliver.
Uncle Tungsten: Memories of a Chemical Boyhood.
New York: Vintage Books, 2002.

Silverstein, Ken.
The Radioactive Boy Scout: The True Story of a Boy and His Backyar
New York: Random House, 2004.

Sutcliff, W.G., et al.
A Perspective on the Dangers of Plutonium.
Livermore, CA: Lawrence Livermore National Laboratory, 1995.

致　　谢

我最初雇用尼克·曼为男佣，清扫点儿周围的钆（64）灰尘，但他很快就升迁到助手的位置，为《大众科学》的文章拍摄毒气和自动分币砂光机，这些文章后来收集在我的《疯狂科学》一书中。

在本书的编写工作中，由于他的努力工作和惊人的元素摄影技巧，还有这样的事实，即由于截止期限临近，他同意放弃社会生活三个月，专注于本书的工作，他已经上升到合著者的崇高位置。

虽然本书中的大多数照片出自我本人的工作室，但事实上是由尼克打光和拍摄的。如果不是由于他的努力工作、技巧和奉献，本书很可能要在明年而不是现在和诸位读者见面。

这些照片然后由本书设计人马修·考克雷钟爱并巧妙地加以组合。为了马修和本书编辑贝姬·高的耐心，本书作者应该为他们授奖。本书作者甚至在卡车已经离开印刷厂的时候还提出要作许多修改。感谢太田广木整理了本书中的500多幅照片，清除了照相机产生的缺陷和假像，使得我们能够看到这些可爱的元素的真容。还要感谢尼诺·丘提克，他为能够查到数据的所有元素按照精确的比例绘制了原子发射光谱图。

大卫·艾森曼仔细地编辑了本书中的每一个词语，并对事实和格式作出许多改进。经受大卫严格编辑的体验就好像面对税务审计，但方法良好。

多年来，马克斯·惠特比是我在元素事业中的稳定伙伴。我们一起建立了一个名副其实的元素王国，本书只是该王国的一个见证。他对本书的手稿提出了许多有价值的评论和建议，对此我表示感谢。

蒂莫茜·布鲁姆列维对许多元素（特别是稀土元素）化学的更技术性的方面提供了专家式的评论，在这方面她的知识是独一无二的。

保罗·弗莱姆提供了有关冒牌医生的放射性产品的建议和故事，并亲切地允许我们在橡树岭国家实验室他那独一无二的放射性博物馆中进行摄影。他的合作者威廉·科尔布对有关放射性的所有事情多年来提供了指导和建议。

约翰·艾姆斯利和艾立克·斯克利，两位元素方面的世界知名的卓越权威对本书的计划提供了非常慷慨的建议和支持。

现在我们要对关于元素的个别事实做出贡献的人们表示感谢。要列出所有的人实在是太多，这里只能举出一个例子。在本书写作中，当我们在想用哪一种矿来代表元素锝（43）的时候，布莱斯·杜鲁斯德尔指出，锝是1962年在非洲的沥青铀矿中发现的。因此，可以说它是天然存在的，即使传统上不这么说。另一方面，克利斯·坎特亲口品尝了所有碱金属卤化物盐的味道，并且活着告诉我们哪一种味道最好（氯化钠）。还有另外许多对本书给予过帮助的人，我很抱歉不能在此一一列出他们的名字。

本书中的样品来自各种各样的人，从随机的eBay卖家到杰出的教授到元素收藏同道，人数太多，也无法一一列举。好在这些信息都详尽地编辑在我的网站periodictable.com的目录中。本书中的每一幅照片都能在那里找到，排列在相应元素的下面，并附上标签与来源链接。在很多情况下，如果你喜欢，可以下载一幅归你所有。

当然，我必须因为我的存在而感谢我的父母，特别还要由于以下的事情感谢我的父亲：在锰（25）的条目下有一小块菱锰矿晶体，矿石商西蒙·西顿对它垂涎已久，承蒙我父亲的允许，我用这块晶体换取了你在本书中看到的所有其他晶体。其余的矿石基本上来自Jansen Scientifics公司的莎拉·肯尼迪。莎拉和西蒙两人在决定用哪一块矿石来代表某一具体的元素方面提供了宝贵的建议。

最后，我还要感谢我的家人简、艾迪、康纳和艾玛（以身高为序，但是如果艾迪继续长高，这个次序就不对了），我要感谢他们容忍了这本书的创作过程。我答应过，在下一本书之前我不再出书。

索引

239

索引

科学怪才西奥多·格雷的奇妙科学世界

畅销27个国家和地区，累计发行300余万册

《视觉之旅：神奇的化学元素（彩色典藏版）》

通过华丽的图片和精彩的语言，讲述118种元素的神奇故事。

《视觉之旅：神奇的化学元素2（彩色典藏版）》

通过元素周期表，揭示物质世界的组成规律。

《视觉之旅：神奇的化学元素（彩图卡片版）》

128张炫彩卡片带你遨游元素的神奇世界，更多玩法等你去探索。

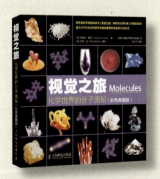

《视觉之旅：化学世界的分子奥秘（彩色典藏版）》

从分子和化合物的角度，揭示宇宙万物的奥秘。

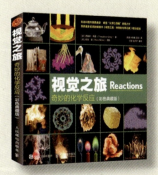

《视觉之旅：奇妙的化学反应（彩色典藏版）》

通过各种奇妙的化学反应，展现五彩缤纷的大千世界。

《视觉之旅：神秘的机器世界（彩色典藏版）》

通过几十种精巧而又有趣的机器，揭示万物运行的奥秘。

《疯狂科学（第二版）》

《疯狂科学2（第二版）》

【西奥多·格雷著作所获奖项】

※ 2011国际化学年"读书知化学"重点推荐图书

※ 新闻出版总署2011年度"大众喜爱的50种图书"

※ 第十一届引进版科技类获奖图书

※ 中国书刊发行业协会"2011年度全行业优秀畅销品种"

※ 第二届中国科普作家协会优秀科普作品奖

※ 第七届文津图书奖提名奖

※ 2012年新闻出版总署向全国青少年推荐的百种优秀图书

※ 2013年新闻出版总署向全国青少年推荐的百种优秀图书

※ 2015年国家新闻出版广电总局向全国青少年推荐的百种优秀图书

※ 2011年全国优秀科普作品

※ 2013年全国优秀科普作品

※ 第六届吴大猷科学普及著作奖翻译类佳作奖

※ 第八届吴大猷科学普及著作奖翻译类佳作奖

※ 2019国际化学元素周期表年·优秀科普图书